# 開始幫狗狗按摩吧！

## 圖解15種手法+全身按摩點地圖
## 把狗狗從頭顧到腳的健康指南書

一般社團法人動物生命夥伴協會代表
RICO YAMADA 監修
小陸 譯

晨星出版

# 前言

某些事情是我們可以為狗兒做的。

那不需要道具或任何東西。

只需要正確的知識、溫柔的手與心。

按摩狗兒這件事跟按摩人類有很大的不同，

它需要施術者與狗兒的相互協調。

狗兒不會說：「我這裡很疼，就算按得有點痛也請你幫幫忙。」

如果沒有解除狗兒的緊張、讓牠自行放鬆，

強行按摩緊繃僵硬的肌肉反而會使之受傷，

造成反效果。

本書之所以撰寫了狗兒情緒表現的篇章便是這個原因。

請對狗兒進行乳水交融的按摩，

避免一廂情願的施術。

而既然要按摩，

瞭解解剖學以及接觸肌肉的正確位置是非常重要的。

透過本書，筆者相信定能激發各位對犬隻骨骼與肌肉的興趣。

如果按摩與Praise Touch※有助維持、增進狗兒的健康，

筆者將深感榮幸。

※Praise Touch：無需解剖學相關知識，是任何人都能進行的一種溫柔觸摸皮膚的觸摸保養法。

進行身體保養之前
# 心理與身體的準備

## 1 觀察狗兒的反應

按摩時，不要只注意自己的手或身體某個部位，請觀察狗兒整體的狀態（表情、視線、聲音、舉止等），仔細觀察狗兒的反應，判斷牠是否覺得舒服、有沒有感到不安或不對勁等。一旦狗兒顯露不悅之色，請減輕施術力道、變更按摩部位或方法。同時，施術者應回想自己的呼吸和姿勢，思考是否因緊張而用力過度。假使狗兒仍然出現負面情緒訊號，請勿強行按摩，最後以輕撫法結束。

## 2 在能夠放鬆的環境下進行

營造一個讓狗兒能夠放鬆心情接受施術的環境是很重要的。請避開人來人往和喧鬧吵嚷的場所。若有其他動物在場，請遠離該動物，營造一個能夠放鬆的環境。準備大的靠墊或墊子，讓狗兒舒舒服服地躺著，並且可以自由活動身體。另外，請選擇施術者自己也能靜下心來的地點。播放令人心情放鬆的音樂也是一個好點子。

## 3 調節室溫

房間的溫度調節亦很重要。寒冷的季節一般會開暖氣，但狗兒體內容易蓄熱，房間請勿過度加溫。按摩會促進血液循環，身體將變得暖和。夏季天氣炎熱時，避免空氣不流通，可以採自然通風，或以冷氣、電風扇、除溼機等維持舒適的室溫與溼度。狗兒的正常體溫約38.5℃，比人類高2～3℃，因此要時刻意識到對狗兒舒適的室溫。

## 4 施術者的心理準備

施術者如果因為緊張而呼吸變淺、手勁加重的話，狗兒亦會緊張起來。觸摸狗兒時，請記得保持自然的深呼吸，卸下身體多餘的力量，放鬆心情吧。閉上眼睛，深呼吸數次也是一個好方法。語氣平靜地跟狗兒說話，並以開朗的心情施術，便能給予狗兒安心感。

## 5　施術者的姿勢

為了維持良好姿勢，請確認以下事項：

★不要採取覆蓋住狗兒的姿勢。

★保持抬頭，不要彎腰對著狗兒。

★肩膀放鬆，好讓動作變得輕柔。

★不要讓脖子緊繃。

★不要離狗兒過遠或過近，採手臂伸直後手肘要略為彎曲的間距。

★不要盯著某一點，要看著狗兒整個身體（邊緣視覺）。

★進行輕撫法這類較大的動作時，不是移動指尖，而是從肩膀移動整隻手臂。

★採取一個舒適穩定的坐姿。膝蓋疼痛無法久坐者，不妨花些心思，例如使用有一點高度的按摩桌。

★狗兒側躺時的身體若能與施術者的雙臂圍成一個圓形陣勢，亦有助保持兩者間距的穩定性。

## 6　放鬆你自己的手腕、肩膀和頸部吧

施術者無法放鬆的話，身體將會變得僵硬。為了讓按摩的雙手柔軟、令狗兒感到舒適，事前請洗手、放鬆。

## 7　脫掉飾品、手錶等物件，穿著舒適的衣物

戒指可能纏住狗毛，長項鍊在按摩時會礙手礙腳。請穿著不會把身體勒得緊緊的服裝，放輕鬆吧。

## 8　剪短指甲

指甲太長會勾住狗毛，也會刺激狗兒敏感的肌膚。請把指甲剪短。

## 9　壓力

總是從輕微的壓力開始，一邊觀察狗兒的反應，一點一滴地增加力道。突然施壓過度，有時會使肌纖維受傷，因此在施加壓力時，仔細觀察狗兒的反應是很重要的。對於手肘或膝蓋等的關節周圍，總是以輕微的力道觸摸。

**＜施加壓力時請考量以下事項＞**
- 狗兒的感受性
- 過去曾有身心創傷的部位
- 狗兒的年紀
- 狗兒當天的情緒、健康狀態
- 身體部位（對厚實的肌肉施加較大的力道，薄而敏感的部位則施以輕壓）

## 10　觸摸方法

觸碰狗兒時，不可猛然抓住對方，請輕柔地將手放在牠身上。此外，按摩期間不要讓手完全離開狗兒的身體，其中一隻手務必與身體保持接觸。轉換手技或移動位置時請保持流暢。按摩的手部動作一旦中斷，狗兒可能因為手掌溫度消失而陷入不安，難以放鬆。請留意沒有施術的那隻手。

## 11　節奏與速度

節奏穩定、行雲流水般的按摩能夠讓狗兒放鬆。為了讓按摩的節奏流暢，播放音樂來練習是一個好方法。請同時考量手的移動速度。

1　緩慢而具節奏感的手部動作有助狗兒穩定與放鬆。
2　適當的快節奏按摩則能帶來刺激，激發活力。此外，亦能替肌肉加溫。
3　突如其來的動作會引起狗兒不安。
4　快速、粗暴的手部動作會令狗兒疲倦。

## 12　時間

按摩時間依狗兒的體型大小、施術部位而改變。
請勿對單一部位施術過久。一邊觀察狗兒的情況，一邊按摩。在狗兒尚未習慣時，請以短暫的按摩讓牠熟悉，儘量按摩整個身體。

# Contents

# Part 3 有助恢復機能的身體保養

為了讓夥伴一展笑顏

# Part 1
## 學習狗兒的心理與身體

- 瞭解狗兒的行為心理
- 瞭解狗兒的身體結構

# 學習理解狗兒的社會行為與本能行為吧

## 狗兒與狼朝不同的方向進化

狗兒跟我們人類一起生活，其存在既是朋友，亦是家人；但牠們和人類仍是不同的「動物」。

人類有時會將狗兒擬人化，不過狗兒有其身為犬類動物的生存方式。

狗兒的祖先是狼，因此兩者間可以見到許多共通的行為；然而，狗兒在跟人類共同生活、配合人類需求進行品種改良下，其行為已與狼出現極大的變化。

純種犬是依人類喜好與工作目的進行選擇性育種，花費漫長時間培育出來的。諸如體格、毛長、毛色、頭形、吻部長度、耳朵形狀、腿長、性格等，都是為了方便用於人類設定的工作，依照用途，不光是外型特徵，就連行為特性與秉性亦朝著不同的方向分化。

行為模式依犬種而異自不待言，每隻狗兒的行為亦有個體差異。即使是相同犬種，每隻狗兒在行為上均有差異。要理解狗兒的行為和心理，最好事先記住以下事項：

- 狗兒是由人類改良育種，儘管源自於狼，其行為已有極大的變化。
- 不同犬種間的行為特性亦有所不同，請先理解該犬種的特性。
- 即使是相同犬種，亦會因血統不同而有個體差異。
- 家人是狗兒隸屬的「群體」，彼此是夥伴，而非縱向社會。
- 狗兒的支配性與服從性會隨著當下狀況而改變。

## 本能行為

狗兒是高度的社會性動物，為了避免在其所屬的各個「群體」中引發無謂衝突，牠們會運用肢體語言或壓力訊號。其中又可分為顯而易見的動作，以及彼此在瞬間交換的微妙表情或動作——若非仔細觀察，也許很難察覺。

「優位關係」乃是狗兒行動的

核心。狗兒會依當下情境轉換立場，出現優位性或服從性的行為——換言之就是肢體語言。牠們對人類亦會出現這種行為。

狗兒的本能行為包括：

「領域性行為」、「排泄行為」、「獵食行為」、「遊戲行為」、「探索行為」、「繁殖行為」、「分娩行為」等。這些行為使用聽覺、視覺、嗅覺，乃是求生行為，避免群體成員在自然界的有限資源中發生無謂衝突的一種本質行為。

| | |
|---|---|
| **領域性行為** | 將居住的房屋和院子視為自己的勢力範圍（領域），對靠近的人類或動物吠叫、飛撲。比起領域的中心點，這種行為在邊界處更加激烈。 |
| **排泄行為** | 除了剛出生的幼犬是由母犬舔拭促進排泄和清理，約莫一個月大之後，狗兒就會自行到遠離睡窩的地點排泄。狼也一樣，為了不讓其他動物發現，會在遠離巢穴的地點排泄。 |
| **獵食行為** | 狗兒會出現例如追捕貓或小鳥、追球、追奔跑的人類或機車等行為。追逐移動事物的行為乃是獵食行為的延伸。 |
| **遊戲行為** | 不論是幼犬還是成犬，狗兒都會跟同類出現扭打玩耍的行為。這在幼犬期尤為重要，是牠們理解嘴勁控制的必要訓練。 |
| **探索行為** | 嗅聞地面和各種場所的氣味——這種探索行為對狗兒來說是一種快樂的行為。若是家犬，散步就是探索良機。它可以滿足狗兒天生的好奇心以及搜集資訊的本能，嗅聞氣味的行為亦對大腦有益。 |
| **繁殖行為** | 狗兒在出生後一年左右就具備繁殖能力。發情期的母犬會出現頻繁排尿的現象。狗兒透過嗅聞尿液即能得知對方的性別與性荷爾蒙的狀態等。母犬一旦進入最佳受孕期，就會接納公犬。交配是在公犬騎乘母犬後，雙方變成屁股相連的鎖緊狀態。 |
| **分娩行為** | 受孕成功後，經歷約莫兩個月的懷孕期就會分娩。母犬會找尋一個安全寧靜的地點分娩。若是跟人類共同生活的狗兒，則會在人類設置於家中或犬舍安靜處的巢箱分娩。 |

# 從「肢體語言」看穿情緒表現

## 關鍵在於「從全身解讀」

狗兒能夠理解人類的語言、領會情緒，在跟人類溝通的能力方面是非常優秀的動物。

要解讀狗兒的情緒反應，必須從牠們眼神、嘴巴張開的方式、耳朵及尾巴的位置與動作、毛髮狀態、吠叫音調等進行綜合性的理解與判斷。狗兒對同類是從對方全身的反應來判定其情緒；然而，人類往往只看狗兒的局部動作就輕易判定其情緒，有時可能做出完全相反的解讀。

## 三種情緒表現

狗兒透過肢體語言所表達的情緒可分為「興奮」、「生氣」、「不安」三種。這三種情緒反應裡有很相似的地方，也有一看就知道不一樣的部分。

### 1 興奮

其程度除了「高興」、「開心」、「期待」之外，也包括可能轉變成攻擊行為的興奮。最容易分辨的訊號是尾巴的搖法。狗兒在高興的時候、對人類或其他同類示好的時候，尾巴會左右大幅搖擺；另一方面，尾巴上舉小幅擺動時，則是高度警戒的興奮狀態。其他興奮訊號還包括「哈哈」地喘氣、到處走動坐立不安、不斷重複同樣的行為等。

### 2 生氣、威嚇

對自己充滿自信的狗兒，在表現敵對的情緒時，將威風凜凜地抬高頭部和尾巴、露出犬齒、發出輕微的低吼聲，並小幅擺尾。

### 3 不安、恐懼

耳朵向後貼平。尾巴夾進大腿中間，頭部或腰部壓低，採取低姿態。有時也會拉緊嘴角，露出後方臼齒。狗兒害怕時會發出有抑揚頓挫的低吼，是人類亦能清楚聽見的聲量。牠們並非想要攻擊對方，而是一心想要逃離現場——狗兒是以這種心情低吼，有時也可能因戒心而狂吠不止。

▲不安、膽怯的訊號
拉緊嘴角露出後方臼齒
尾巴夾進大腿中間

▲興奮的動作

狗兒坐立不安、動作變快。不斷重複相同行為，或者執著於某個特定事物的話，就可說是興奮狀態。

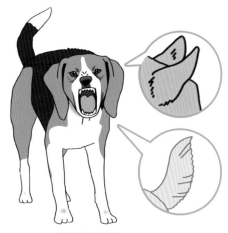

▲威嚇的訊號

犬齒明顯露出。背毛豎起。尾巴上舉。耳朵強而有力地前挺。

▲透過尾巴的高度及擺動方式來表達當下情緒

# 仔細觀察狗兒，識破用來阻止對立的「壓力訊號」

## 「不想跟人敵對」的訊號

狗兒發出的肢體語言種類非常之多。其中有一類「壓力訊號」，是當狗兒自身感受到某種壓力時，為了使自己穩定、冷靜下來而做的行為。

以人類為例，我們在緊張時會利用抖腳、敲手指來緩解緊繃情緒，有時會做出跟當下無關的舉動——轉移行為（Displacement behavior）。

狗兒也是一樣，有時會出現諸如「舔舌」、「甩動身體」、「打呵欠」、「用後腿搔癢」、「不停舔腳」等行為。

教育或訓練等的練習過程中，飼主一大聲發出指令，狗兒就打起呵欠來；散步途中一拉扯牽繩並下達指令，狗兒就甩動身體等，這些都是牠們為了讓緊張的自己冷靜，或者為了安定對方。

理解壓力訊號才能揣摩狗兒當下情緒，獲得如何應對後續行為的判斷資訊。日常生活中，即使狗兒在某個時間點、某個情境下發出壓力訊號，但由於飼主本身也承受到壓力，往往會漏看這些訊號。

## 對狗兒來說，何謂壓力？

造成壓力的原因有很多。適度的刺激有助提升精神和肉體的適應力，過度的刺激則會變成壓力，影響波及精神和肉體層面，還可能引

| 狗兒的壓力來源 |
| --- |
| •心理的壓力<br>不安、孤獨、恐懼、緊張、不滿、失去自信、興奮、無聊等<br>•環境的壓力<br>氣溫、溫差、氣壓、噪音、香味、強光、惡臭、電腦、無規則可循的對待方式、要求過多、家庭成員的變化等<br>•身體的壓力<br>缺乏運動、疾病、飢餓、口渴、皮膚搔癢、疼痛、疲勞、憋尿等 |

發問題行為。

適度的壓力給予我們能量，產生活動上不可或缺的荷爾蒙；然而，該壓力若是過大，或者持續過久，就會對狗兒的身心與行為造成各種影響。

尤其是跟人類一起生活的狗兒們，那些人類未能察覺的事情有可能成為牠們的壓力。人類和狗兒在感覺舒適的程度上有所差異，我們認為很舒適的，對狗兒有時卻不盡然。請理解狗兒在嗅覺、視覺、觸覺、聽覺等感覺器官跟人類大相徑庭。

為了讓狗兒釋放壓力，適度的散步與運動也很重要，不過首先要儘可能消除壓力來源。同時，讓牠們體驗累積各種經歷的社會化，培養其適應力。

壓力會讓交感神經處於優位狀態，因此可以透過按摩和身體保養來放鬆、刺激副交感神經，調節自律神經之平衡（整合交感神經和副交感神經）。

| 零壓力的實踐 | |
|---|---|
| 1散步和外出… | 每天散步對狗兒來說是很重要的。無關體型大小，牠們都需要運動，搜集外界資訊亦很重要。對大腦也好，對肌肉也罷，戶外散步和運動都是一種刺激，是不可或缺的活動。 |
| 2社會化……… | 無關年紀，一起外出或旅行，讓狗兒體驗各種事情，有助提升牠們對壓力的適應力。 |
| 3身體保養…… | 以按摩和觸摸保養等方式進行調理、放鬆全身，有助穩定自律神經之平衡、促進血液循環、提升自然治癒力。 |

# 察覺身體各部位伴隨情緒
# 的變化

**額**
- 皺紋增加
  不安、緊張
- 肌肉緊繃
  緊張、恐懼

**耳**
- 朝向前方
  興奮、緊張
- 豎立
  （原本的形狀）
  放鬆
- 朝向後方
  恐懼
- 皺紋增加
  不安

**頭**
- 低頭
  不安
- 儘可能抬高
  攻擊性的、緊張
- 歪頭
  有興趣
- 擱在腿上
  放鬆

**眼**
- 鯨魚眼（露出眼白）
  不安、恐懼
- 冰冷眼神（眼角繃緊）
  生氣、緊張
- 柔和眼神（眼睛微瞇）
  放鬆

**鼻**
- 皺紋增加
  攻擊性的

**鬍鬚**
- 搖晃
  興奮、不安

**嘴巴**
- 嘴角向後拉
  恐懼
- 嘴角向前噘
  攻擊性的
- 翻唇露齒
  生氣
- 上下顎皺起
  攻擊性的
- 嘴巴緊閉
  不安、緊張
- 呼吸急促（需一併觀察
  其他身體部位）
  不安

## 全身

- 重心壓低
  恐懼
- 身體前傾
  攻擊性的、緊張
- 前腳間距拉大，頭部壓低
  攻擊性的
- 翻肚、橫躺
  放鬆

## 毛髮狀態

- 背毛豎起
  恐懼、攻擊性的
- 全身炸毛
  攻擊性的
- 尾巴炸毛
  攻擊性的

## 尾巴

- 縮進後腿間
  恐懼
- 在後腿間搖尾巴
  不安
- 只搖尾巴尖端
  恐懼、攻擊性的
- 尾巴豎起緩緩搖擺
  攻擊性的
- 尾巴微捲，快速擺動
  友好的
- 尾巴劃圓擺動
  友好的
- 全身晃動，搖尾巴
  興奮

## 腳

- 腳尖用力站立
  緊張、攻擊性的
- 彎曲
  不安
- 抬前腳
  緊張

# 別漏看讓自己和對方冷靜下來的「安定訊號」

## 防止衝突的「安定訊號」

正如在野外生活的狼，狗兒具備迴避衝突的社交技巧。那些包含壓力訊號在內的「安定訊號」（Calming signals），乃是透過視覺的溝通方法。善於視覺對話法的牠們，會用各式各樣的肢體語言進行對話。

狗兒在面對同類或人類時，都會制止、避免發生鬥毆或衝突。當狗兒感受到壓力或不安，為了讓自己冷靜的時候，又或者為了讓對方安心，表達「我想跟你好好相處喲」的時候，就會使用安定訊號。

善於視覺溝通的牠們，運用各式各樣的肢體語言進行對話；可是，牠們在日常生活中發出的訊號往往被人類所忽略。如果想要理解牠們、友善交流、溝通順暢，首先要仔細觀察狗兒，並試著在日常生活中使用安定訊號。在按摩或訓練上固然得理解狗兒的情緒，在日常生活各方面亦是必需的。

### ◆改變臉孔或身體的方向

臉孔朝向旁邊，身體轉向旁邊或後面是在向對方發出「冷靜下來」、「停止那個動作」的訊息。有時是非常細微的動作，有時可能顯而易見。

### ◆移開視線

被人一直盯著，或者一被相機鏡頭對上，就移開視線，甚至低頭，是在表示「我很害怕」、「我們好好相處嘛」。

### ◆緩慢行走、放慢動作

這是用來安定對方的行為。當人類態度煩躁、語氣嚴厲時，狗兒就可能開始放慢動作。此外，這也有「我要從你旁邊過去，你放輕鬆喲」的意思。

### ◆繞半圈

對於迎面而來的同類，狗兒會繞半圈行走。這是良好的禮儀，是一邊表示「你別害怕，不要緊的」，一邊靠近對方的訊號。人類也可以使用這個訊號。

### ◆分開

狗兒有時候會跑到人類或狗兒

們之間。這是在人類或狗兒們靠得太近，關係陷入緊繃時所出現的行為。透過介入其間，來緩和雙方的緊繃狀態。這個方式比起拉開對方更明智。

### ◆裝幼犬

舔拭對方的臉孔或嘴巴、用前腳搭對方等，狗兒有時會做出幼犬般的行為。這是讓自己顯得幼小，好令對方冷靜下來。

### ◆邀玩

上半身伏低、腰部抬起的姿勢，乃是在邀請對方一起玩耍；假使一直保持該姿勢不動，則是在探詢對方的動向，或者一邊觀察對方的態度，一邊邀玩。

### ◆持續嗅聞

狗兒在許多情境下，可能會透過嗅聞氣味來搜集新資訊，直到自己感到安心為止。該行為亦有向對方傳達自身不安的意味。

### ◆定格不動

其他狗兒靠近時，狗兒可能會一動也不動地讓對方嗅聞自己身上的氣味。這是在表達「我不是令人害怕的對象喲」的訊號。對於飼主焦躁的喝令聲，狗兒有時也會定格不動。

### ◆舔鼻

當身旁的飼主或人類慌慌張張、手忙腳亂時，狗兒為了安定對方而使用的訊號。

### ◆打呵欠

這是人類也能模仿的訊號。狗兒可能在感到緊張的狀況或情境下打呵欠、在被飼主擁抱或逗弄時打呵欠等，是希望對方冷靜一些的訊號。

### ◆搖尾巴

狗兒除了在高興或快樂時會搖尾巴，在警戒或表達自我主張時也會搖尾巴，不過尾巴的位置和高度則有不同。

### ◆坐下

背對著對方坐下、有狗兒接近時坐下、在其他狗兒出現或飼主怒斥時坐下等，這是狗兒感受到壓力或不安時所發出的訊號。

### ◆趴下

採取趴下的姿勢時，是請對方「冷靜下來」的意思。這是一種訊息性很強的訊號。

雙方移開視線

# 記住狗兒身體各部位的名稱吧

身體外觀上的各部名稱

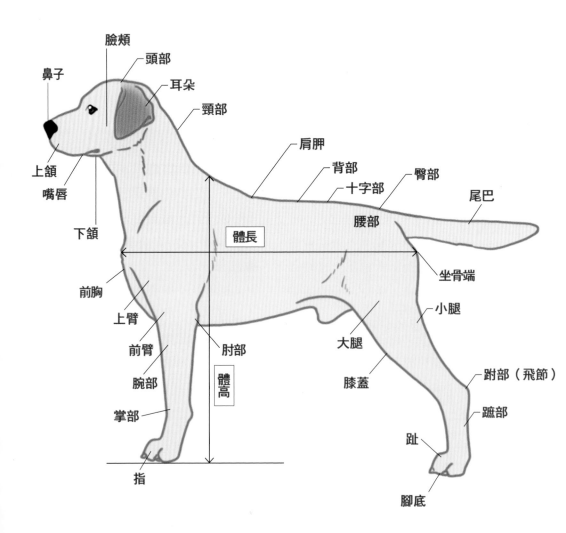

臉頰
頭部
鼻子
耳朵
頸部
肩胛
背部
臀部
十字部
尾巴
上顎
腰部
嘴唇
下顎
體長
坐骨端
前胸
小腿
上臂
大腿
前臂
肘部
膝蓋
腕部
體高
跗部（飛節）
掌部
蹠部
趾
指
腳底

淋巴結的位置

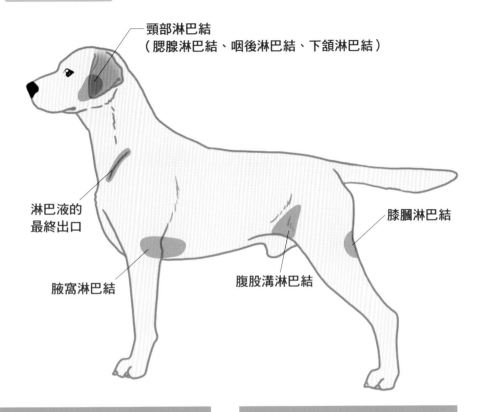

頸部淋巴結
（腮腺淋巴結、咽後淋巴結、下頜淋巴結）

淋巴液的
最終出口

膝膕淋巴結

腋窩淋巴結

腹股溝淋巴結

## 體長與體高

「體高」和「體長」是用來形容犬隻身體尺寸的單字。

體高係指肩膀最高處至地面為止的高度，不包括頸部上方的頭部。從犬隻頸部往背部摸過去，會摸到肩胛骨最高的骨頭，那便是體高頂點。

體長則是從胸骨端（胸骨的尖端）到坐骨端（坐骨的尖端）為止的長度，不包括頭部。此外，母犬因為有生殖活動，其體長會比公犬稍長。

## 淋巴是什麼？

淋巴可以保護身體不受老廢物質與細菌等毒素的汙染。其功能是代替血液輸送那些未被送入靜脈的大量老廢物質，將老廢物質過濾乾淨後，再送回靜脈。此外，侵入體內的細菌則通過淋巴管，送往淋巴結，在那裡由淋巴球等加以清除。動物體內如網眼般分布著無數的淋巴管，淋巴管內有淋巴液流動，輸送淋巴液的淋巴管開口則集中於淋巴結這個中繼站。

# 從骨骼解讀狗兒的身體資訊！

[ 無關狗兒骨架大小，基本上
並無差異 ]

各部位名稱

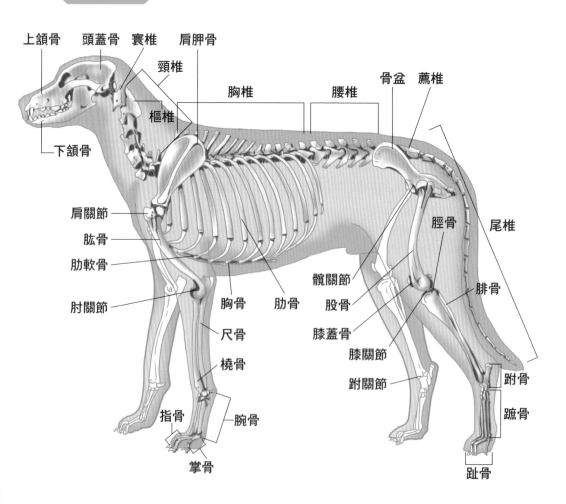

上頜骨　頭蓋骨　寰椎　肩胛骨

頸椎

樞椎

胸椎　　腰椎

骨盆　薦椎

下頜骨

肩關節

肱骨

肋軟骨

肘關節

胸骨　　肋骨

尺骨

橈骨

指骨　　腕骨

掌骨

脛骨

尾椎

腓骨

髖關節

股骨

膝蓋骨

膝關節

跗關節

跗骨

蹠骨

趾骨

## 狗兒的骨骼生長與特徵

狗兒的體型和外觀，在不同犬種間有很大的差異性，但基本的骨頭數量是相同的。跟人類相比，狗兒的骨頭數量較多，據說約有320根，足足是人類的1.5倍。

狗兒的骨骼生長速度很快，小型犬與大型犬的差距甚大。小型犬約8～10個月，中型犬約10～12個月，大型犬約15～18個月。骨骼停止生長後，狗兒便邁入性成熟期。大型犬的性成熟期來得比較晚，是故骨骼的成長速度也比較慢。

狗兒骨骼的特徵是沒有鎖骨，因此前肢僅能前後擺動。同時，為了配合四腳步行，連結肩胛骨和肱骨的韌帶及肌肉特別強健。

此外，狗兒的頷骨不像人類可以左右移動、研磨食物。所以，牠們一咬斷食物就會吞下。

## 選擇性育種的小型化

狗兒既有吉娃娃這類迷你犬，亦有愛爾蘭獵狼犬般的超大型犬。透過選擇性育種將狗兒小型化的方法有兩種：

其一是將整體骨骼縮小的「迷你化」，玩具貴賓犬和吉娃娃等即屬此類；另一種是透過將腿骨縮短、膝關節增大的方式讓體高縮小的「侏儒化」，臘腸犬、巴吉度獵犬等即屬此類。

雖然迷你化與侏儒化均發生於自然現象中，但在人類的操作下，就產生許多犬種了。

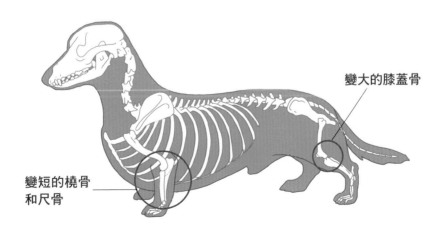

變大的膝蓋骨

變短的橈骨和尺骨

# 從狗兒的步態看出肌肉和骨骼的資訊！

## 觀察狗兒走路方式的重要性

觀察狗兒的走路方式（＝步態），不但能掌握該犬的骨骼與肌肉狀態，甚至能解讀其情緒；步態提供我們非常重要的資訊。

欣賞犬展也能練習如何分析步態。步態（Movement）審查有許多重要資訊，精神健全性自不待言，亦能確認狗兒的肉體健全性（骨骼、肌肉等）；不過，某些犬種可能採取獨特的步態。步態特徵可以上溯自該犬種的歷史變遷及用途，狗兒的身姿堪稱是由其步態來決定。

觀察步態正確與否是有道理的，我們可以從步態得知骨骼的角度，亦能從中判斷肌肉的狀態。有職務在身的工作犬、狩獵犬、雪橇犬、牧畜犬等，必須進行優異的移動運動。效率不佳的步態會因多餘動作耗損能量，導致狗兒一下子就累了，無法繼續工作。

不光是工作犬，跟我們一起生活的伴侶犬亦然。正確的步態使牠們不易疲倦，身體也較不會歪斜。

許多狗兒並不具備完美的結構，是故必須透過觀察走路方式來掌握其骨骼結構和肌肉狀態，判斷狗兒目前的身體歪斜和肌肉僵硬等問題，給予飼主如何維持或增加必要肌肉的運動建議，並透過按摩或觸摸保養來紓緩。

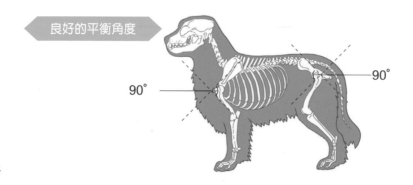

良好的平衡角度

90°　　90°

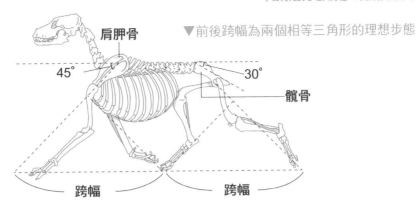

肩胛骨

45° 30°

髖骨

跨幅 跨幅

▼前後跨幅為兩個相等三角形的理想步態

▼沒有多餘動作的正確步態（Trot）

步態的種類

Walk（走步）　加速最少，轉換方向也較為自由的走法。

Trot（快步）　速度比Walk更快的走法，步伐也比Walk大，以對角肢體兩點著地的方式前進。

Gallop（急馳步）　以最快速度奔馳的四拍節奏步態。

有缺陷的步態

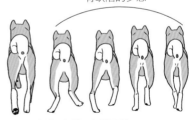

▲正確的步態（背面）

有缺陷的步態

正確的步態（正面）▲

# 理解產生瞬間爆發力和持久力的特定肌肉結構

## 肌肉的功能和種類

　　狗兒與人類的肌肉功能幾乎相同；話雖如此，狗兒用來移動骨骼的骨骼肌數量比人類多，尤其是移動後肢的肌肉十分發達。因為這些肌肉，牠們擁有傑出的瞬間爆發力與跳躍能力。

　　此外，狗兒的肌肉乃是由三種肌肉組成。

* 調節臟器運作的平滑肌
* 負責心臟收縮的心肌
* 能夠靠自我意志控制的骨骼肌（橫紋肌）

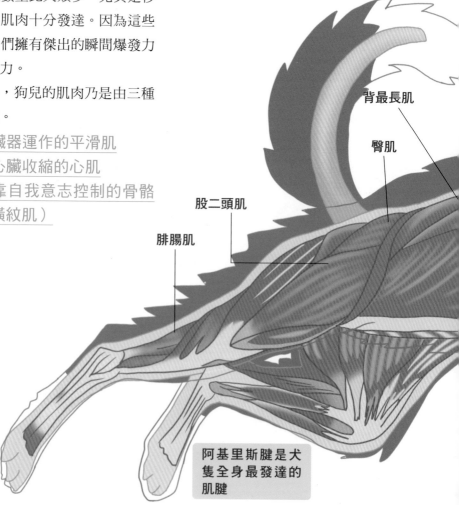

背最長肌

臀肌

股二頭肌

腓腸肌

阿基里斯腱是犬隻全身最發達的肌腱

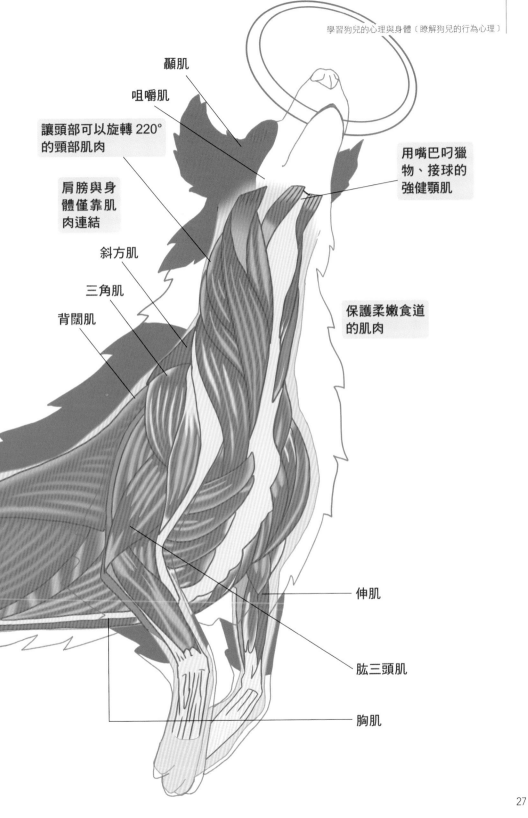

顬肌

咀嚼肌

讓頭部可以旋轉 220°
的頸部肌肉

肩膀與身
體僅靠肌
肉連結

斜方肌

三角肌

背闊肌

用嘴巴叼獵
物、接球的
強健頸肌

保護柔嫩食道
的肌肉

伸肌

肱三頭肌

胸肌

# 掌握用來辨識肌肉位置的「界標」

可以從身體表面觸摸到
的骨骼

　　按摩時，為了要確實針對肌肉的
位置施術，必須確認那些有助辨識肌

肉位置的「界標」（Landmark）；界
標乃是找出正確肌肉位置的「標
記」。

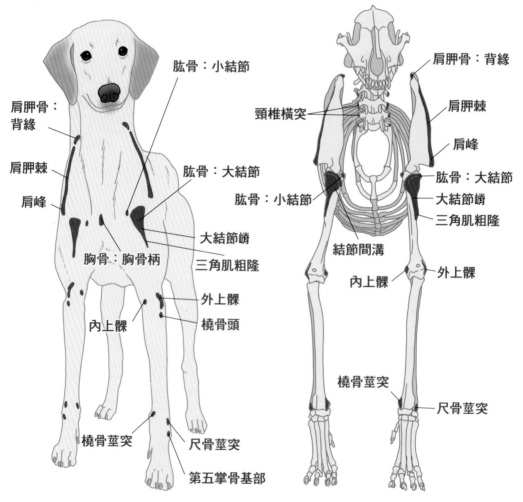

肱骨：小結節

肩胛骨：背緣

肩胛骨：
背緣

頸椎橫突

肩胛棘

肩胛棘

肩峰

肩峰

肱骨：大結節

肱骨：大結節

肱骨：小結節

大結節嵴

三角肌粗隆

胸骨：胸骨柄

結節間溝

大結節嵴

三角肌粗隆

內上髁

外上髁

外上髁

內上髁

橈骨頭

橈骨莖突

橈骨莖突

尺骨莖突

尺骨莖突

內上髁

橈骨莖突

尺骨莖突

第五掌骨基部

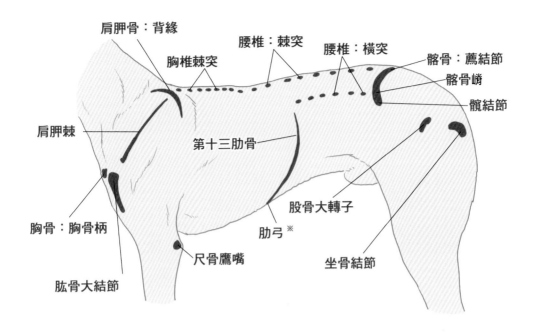

肩胛骨：背緣
胸椎棘突
腰椎：棘突
腰椎：橫突
髂骨：薦結節
髂骨嵴
肩胛棘
第十三肋骨
髖結節
胸骨：胸骨柄
股骨大轉子
肋弓 ※
肱骨大結節
尺骨鷹嘴
坐骨結節

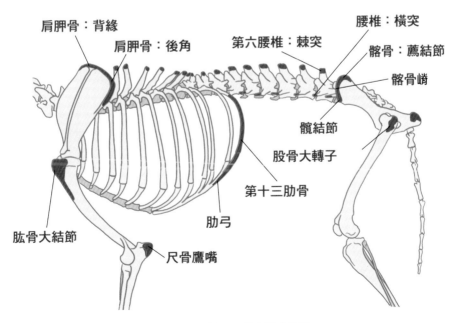

肩胛骨：背緣
肩胛骨：後角
第六腰椎：棘突
腰椎：橫突
髂骨：薦結節
髂骨嵴
髖結節
股骨大轉子
第十三肋骨
肱骨大結節
尺骨鷹嘴
肋弓

※譯注：第十、十一、十二對肋骨的肋軟骨，聯合形成肋弓。

29

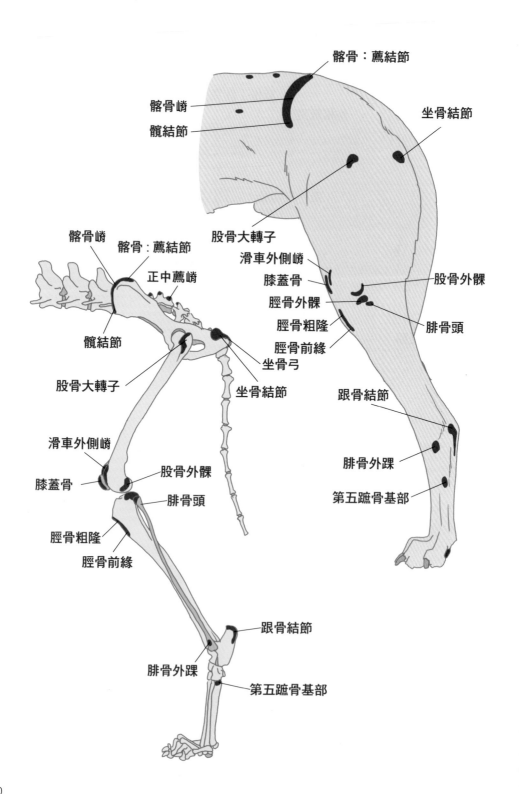

髂骨：薦結節

髂骨嵴

髖結節

坐骨結節

股骨大轉子

滑車外側嵴

膝蓋骨

脛骨外髁

脛骨粗隆

脛骨前緣

股骨外髁

腓骨頭

跟骨結節

腓骨外踝

第五蹠骨基部

髂骨嵴

髂骨：薦結節

正中薦嵴

髖結節

股骨大轉子

坐骨弓

坐骨結節

滑車外側嵴

膝蓋骨

股骨外髁

腓骨頭

脛骨粗隆

脛骨前緣

跟骨結節

腓骨外踝

第五蹠骨基部

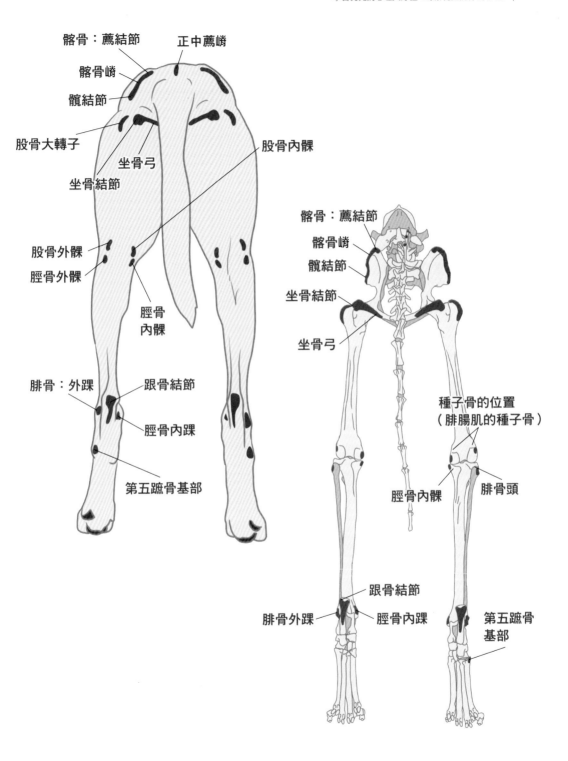

髂骨：薦結節
正中薦嵴
髂骨嵴
髖結節
股骨大轉子
股骨內髁
坐骨弓
坐骨結節
股骨外髁
脛骨外髁
脛骨
內髁
腓骨：外踝
跟骨結節
脛骨內踝
第五蹠骨基部

髂骨：薦結節
髂骨嵴
髖結節
坐骨結節
坐骨弓
種子骨的位置
（腓腸肌的種子骨）
脛骨內髁
腓骨頭
跟骨結節
脛骨內踝
腓骨外踝
第五蹠骨
基部

# 關於犬種

　　全世界的犬種包括非公認者在內，據悉約有700～800種。總部位於比利時的「世界畜犬聯盟〔Fédération Cynologique Internationale，FCI〕」所認證的品種犬則有344種（2017年7月資料）。其中，日本畜犬協會（Japan Kennel Club，JKC）登記在案者約有200種。品種犬依其生存目的、形態、用途被區分為10組。

第1組…牧羊犬、牧畜犬　負責引導和保護家畜的犬種。
　威爾斯柯基犬、德國牧羊犬、長鬚牧羊犬、邊境牧羊犬等

第2組…工作犬　適合看門、警衛、勞動的犬隻。
　大丹犬、杜賓犬、紐芬蘭犬、迷你雪納瑞等

第3組…㹴犬　專門獵捕狐狸等居於洞穴中的小型野獸之獵犬。
　萬能㹴、傑克羅素㹴、約克夏㹴、諾福克㹴等

第4組…臘腸犬　專門獵捕居於地洞的獾或野兔之獵犬。
　臘腸犬（3種體型3種毛質）

第5組…狐狸犬及原始型犬種　包含日本犬在內的狐狸犬系。大幅保留犬隻原始外觀的犬種組別。
　秋田犬、柴犬、博美犬、西伯利亞哈士奇、日本狐狸犬等

第6組…嗅覺型獵犬　運用響亮的吠叫聲與優異的嗅覺來追捕獵物的獵犬。
　大麥町、巴吉度獵犬、米格魯等

第7組…指示犬　找出獵物，並安靜地指示其位置的獵犬。
　愛爾蘭雪達犬、英國雪達犬、威瑪獵犬等

第8組…前7組以外的獵鳥犬　擅長拾回（Retrieve）的犬種和擅長在水畔狩獵的犬種。
　美國可卡犬、英國可卡犬、黃金獵犬、拉布拉多犬等

第9組…玩賞犬　適合當家犬、伴侶犬及玩賞目的之犬種。
　貴賓犬、蝴蝶犬、西施犬、查理斯王騎士犬、法國鬥牛犬等

第10組…視覺型獵犬　運用優異的視力和奔跑能力進行追蹤獵捕之犬種。
　愛爾蘭獵狼犬、阿富汗獵犬、俄羅斯獵狼犬、義大利靈緹犬等

# Part 2
## 基礎按摩

- **15種基礎按摩手技**
- 全身
- 頸部周圍
- 肩膀
- 前肢
- 前胸
- 背部
- 腰部
- 後肢

# 15種基礎按摩手技

基於解剖生理學，針對個別肌群逐一施作不同目的之手技，從淺層肌纖維朝深層推進。

替狗兒按摩前，請先瞭解每種手技之目的與效果，練習至能夠對狗兒正確施術為止吧。

從下一頁開始，將介紹15種按摩手技。

一邊思考對狗兒施加的力道和順暢的按法，一邊練習、執行這些手技。

## 不可按摩的狀況

★體溫高於39.5℃時不可按摩。按摩會刺激既已加速的血流，導致病情惡化。

★腸炎、下痢時避免按摩。如果狗兒願意，可輕撫其腹部。

★懷孕中的狗兒，在其願意的前提下，可稍微輕撫腹部。

★椎間盤突出的發病犬不可按摩。

★急性期的肌肉斷裂等外傷或內出血時不可按摩；過了72小時進入慢性期之後方可按摩。

★避開出血傷口、治療中的傷處，可按摩其他部位來減輕腫脹或疼痛。

★扭傷等受傷急性期不可按摩。

★有犬瘟熱等神經疾病時，按摩的刺激會讓狗兒不快。

★關節周圍避免用力按摩。

★急性期的風濕或關節炎，由於疼痛劇烈且會使炎症惡化，因此不可按摩。

★按摩靜脈炎等炎症患部將使炎症惡化。

★患有淋巴腫瘤等促進血流反而會使之惡化的疾病。

★患有真菌引起之皮膚病。

★傳染病

★肺炎

★病毒性傳染病的急性期。

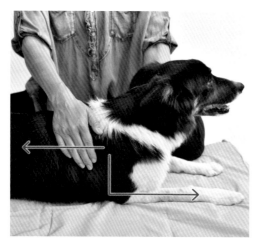

## 1 輕撫法（Stroke）

輕撫法是如一筆畫出般，中途不間斷的長撫手技。此乃每次按摩時最先執行的手技，讓我們得知狗兒的身體狀態與個性。此外，對於初次接觸的狗兒，輕撫法則是自我介紹的時間，實為獲得對方信任的契機。

## 2 輕擦法（Effleurage）

輕擦法不會長時間進行，其目的是在輕撫法之後替肌肉加溫。又或者，在揉捏法或強擦法這類施加壓力的手技中間，執行單次約10〜20秒的輕擦。此外，結束某個肌群的按摩時，為了將排出的老廢物質引流至淋巴結，或者在轉換按摩手技、變更部位時會使用此法。

## 3 扭法（Wringing）

雙手手掌平放於狗兒的身體，以固定節奏滑行般地交互移動。在體表施以輕壓，以每次2〜3秒左右的緩慢節奏扭動，藉以提升鎮定效果。透過緩慢進行略施壓力的扭法，改善血液與淋巴液的循環。

## 4 揉捏法（Kneading）

雙手拇指順著肌肉紋理交互向上揉起般的揉捏法，有助舒展肌肉、增加氧氣供給、排出老廢物質。揉捏法能夠在短時間內促進循環，替肌肉加溫。
若是從身體中央朝末端揉捏，接下來請務必從末端朝身體中央揉回。
注：揉捏背部時，請避開脊椎。

## 5 擠法（Squeezing）

以一定節奏推起般的擠法，可以放鬆皮膚和肌肉。本手技是同時進行推擠、壓迫和鬆開組織的動作。

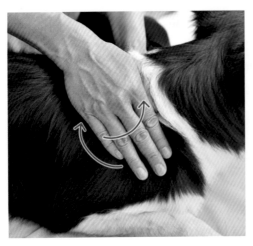

## 6 抖法（Shaking）

以輕微的壓力施行抖法，將可放鬆神經組織。不要施加超過人手重量的壓力，在體表抖動下方肌肉。
請放鬆手腕和指尖，以手肘為基點擺盪，將抖動傳至手腕和手指。每2～3秒更換位置微微抖動，有助改善組織循環，具有物理性的鎮定效果。

## 7 強擦法（Friction）

先以輕撫法、輕擦法、扭法放鬆肌肉，接著再進行強擦法。以拇指，或以食指、中指、無名指的指尖一邊按壓，一邊穿入深層肌纖維，或於其間來回移動般，進行小範圍的強擦。

從輕微的壓力開始，視狗兒狀態逐漸增加力道。請注意不要對單一部位施作過久。

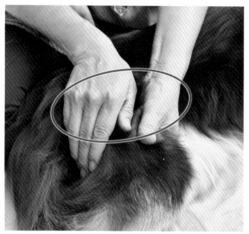

## 8 壓法（Compression）

雙手或單手手掌包覆施術部位後，以6秒慎重而緩慢地加壓。一邊施以溫和的壓力，一邊再以10秒慢慢放鬆力道，移至下一個部位。請注意不要對肌肉施壓過度。加壓會限制血流，減壓則讓血液循環增加，故能緩解肌肉緊繃。

## 9 夾法（Chucking）

夾法是針對背部、大腿等較大片或大塊之肌肉的技法。雙手順著肌肉紋理的方向放置後，慢慢靠攏手掌，夾起皮膚。雙手即將相碰時，一口氣拉開皮膚，進行伸展。

夾法可以紓緩肌肉緊繃、伸展肌纖維，減輕對關節和肌腱的負擔。

## 10 皮膚滾動法（Skin rolling）

逐次夾住皮膚，分開皮膚與皮下組織。拇指和4根手指夾住組織提起後，以拇指將組織朝4根手指的方向提起般地滑動，並以4根手指承接拇指提起的組織。請連續不斷地進行上述動作。
待肌肉充分加溫後再使用本法，好讓皮膚放鬆。請以輕柔的力道施術。

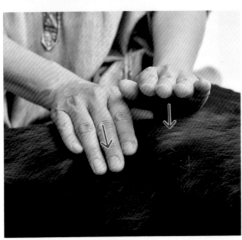

## 11 輕拍法（Tapping）

請充分放鬆雙手，使之柔軟。按狗兒的體型大小或部位選用指尖或整個手掌，以固定的輕柔力道進行短暫拍打。

## 12 切法（Chopping）

切法是依狗兒大小、施術部位來選用雙手或單手。手自然彎曲，放鬆手肘、手腕、指尖的力道，以小指側面輕觸般地敲打。保持一定節奏，輕快施作。

## 13 杯擊法（Cupping）

手掌如接水般合攏手指，微微彎曲。對狗兒身體的大面積部位以及肌肉厚實處進行本法。彷彿將掌心空氣朝狗兒拍擊般，以一定節奏進行的杯擊法，可以讓狗兒放鬆。

## 14 指尖法（Pincement）

大拇指和食指夾住狗兒的毛髮，並以一定節奏反覆向上挑起。本法有助紓緩肌肉緊繃，改善血液循環。

## 15 振法（Vibration）

指尖或手掌放在身體上，小幅振動。並非搖晃皮膚，而是讓細微的振動傳達至深處。本法有安定神經、鬆弛疤痕組織、減輕疼痛等效果。

# 開始按摩時，先要確認狗兒當天的身心狀態

**目的**

促進放鬆，預先為按摩進行觸診。

**將意識集中於雙手，從狗兒的身體感受「資訊」**

剛開始按摩時，以手掌輕撫狗兒全身，**觸摸感受對方當天的狀態**。

按摩最後也要進行輕撫法，整合施作過的所有按摩技法。

輕撫全身乃是開始按摩的訊號，同時亦為結束按摩的訊號。讓狗兒知道人類要做什麼是很重要的事情。

---

■ 透過雙手感受的事項

① 體溫
② 發熱部位
③ 發冷部位
④ 緊張部位
⑤ 肌肉僵硬
⑥ 左右對稱性
⑦ 相對的肌肉量
⑧ 體格

⑨ 彈力
⑩ 發炎腫脹
⑪ 水腫
⑫ 硬塊
⑬ 皮膚與毛髮的狀態
（乾燥／掉皮屑、油膩、脫毛）
⑭ 討厭被觸摸的部位
⑮ 有無哪裡疼痛

使用的手技

# 輕撫法

1 手指輕輕併攏，手掌放在後腦杓。以「接下來要開始按摩囉」這種打招呼的心情先做一次深呼吸。

2 手掌緊貼著狗兒身體，從後腦杓一路不停歇地滑過脊椎上方，直到尾巴尖端為止。

4 從肩膀穿過身體側面輕撫至臀部為止，接著跟前肢一樣輕撫後肢。

3 從肩膀往下輕撫至前腳尖。手指併攏，在腳尖處朝地面撫去。

5 另一側亦同。

# 揉開頸部緊繃，將改善前肢和全身的動作

**目的**

頸部是特別容易累積壓力的部位。透過按摩，使頸部動作順暢，有助改善前肢動作。

## 頸部周圍的緊繃會影響全身平衡

頸部在狗兒保持全身平衡上擔負重任。奔跑時，為了讓前進的後肢更容易從地面抬起，頸部必須讓頭部向下擺動。

頸部有許多形成壓力累積點的地方，是很容易緊繃的部位。頸部周圍一緊繃，全身就會行動困難。

頸部緊繃的話，其影響將顯現於後腦杓、夾肌、菱形肌，以及斜方肌，使頭部變得難以朝下伸展。此外，頸部肌肉除了跟肩膀及肩胛骨的動作有關，甚至可能跟前肢的動作有關，因此按摩頸部周圍可以讓肩膀和前肢的動作變得順暢。

■ 頸部周圍緊繃的原因

① 平常配戴的項圈太緊、太重，或者使用P字鍊這類金屬材質的鎖喉項圈。

② 被迫長時間走在飼主左腳側的訓練等。

③ 拉扯牽繩。

④ 四肢疼痛（尤其若是前肢疼痛，前肢著地時脖子會往上抬；另一方面，若是後肢疼痛，後肢著地時頭部會往下壓）。

⑤ 經常把脖子縮得緊緊的膽小犬。

⑥ 對聲音反應過度。

⑦ 導盲犬等的「工作犬」。

⑧ 經常從事在空中接球、接飛盤等的遊戲。

# POINT 1 頸部的主要肌肉

### 肱三頭肌

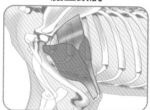

起點：狗兒的肱三頭肌有四個頭。
長頭起始於肩胛骨後緣，
其餘三個頭均起始於肱骨
近端。
終點：鷹嘴的後側部。
作用：屈曲肩關節。

### 胸骨頭肌

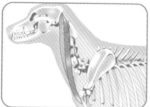

起點：胸骨柄。
終點：顳骨的乳突部。
作用：使頭頸部轉向兩側。

### 肩胛橫突肌

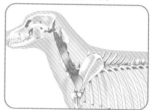

起點：肩峰——覆蓋肩胛棘遠端
及肩關節的筋膜。
終點：寰椎翼。
作用：上舉前肢或使頸部外彎。

### 斜方肌

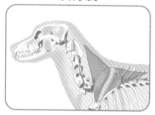

起點：第三頸椎至第三胸椎之背正
中線。
終點：肩胛棘。
作用：穩固肩胛骨，上舉頸部和頭
部。

### 鎖骨頭肌之頸部

起點：頸部背正中線。
終點：鎖骨劃。
作用：伸張肩關節。

### 頸部淺筋膜

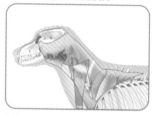

覆蓋斜方肌，形成隔開鎖骨頭肌之
頸部與肩胛橫突肌的肌間隔。

### 頸腹鋸肌

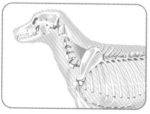

起點：第三至第七頸椎的橫突。
終點：肩胛骨內側三分之一處
（鋸肌面）。
作用：支撐軀幹重量。使肩胛骨
降低，將前肢向前拉。

### 夾肌

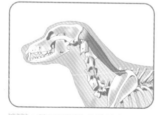

起點：前面三個胸椎的棘突。
終點：項嵴與顳骨的乳突部。
作用：頭頸部的伸展及外彎。

### 菱形肌

起點：菱形肌分為三部分。頭部
起始於枕骨的項嵴，頸部
起始於頸部背中正線，胸
部起始於前七個胸椎的棘
突。
終點：肩胛骨背緣。
作用：穩固肩胛骨，連接肩胛骨
與脊椎骨之肌肉。

# 胸骨頭肌、鎖骨頭肌之頸部、斜方肌、夾肌

\ 確認肌肉位置！ /

〈界標〉 寰椎、肩胛棘、肩峰、大結節、三角肌粗隆

### 1 從肌肉的起點至終點為止，順著肌肉紋理輕撫

首先從耳下朝肩關節、從耳下朝肩胛骨背緣、從頸椎朝肩胛棘的方向平穩輕撫。

以手掌（小型犬以手指）輕撫，仔細觀察皮膚觸感與狗兒的反應。此步驟將成為「現在要按摩這裡囉」的開始訊號。

### 2 輕擦替肌肉加溫

輕撫過的部位，以手掌（小型犬以手指）由上而下，或由下而上反覆輕擦，雙手交互運作，仔細替肌肉加溫。

### 3 與肌肉紋理呈垂直施以扭法

手的施作方向與肌肉紋理保持垂直，在毛髮上滑動般，一手朝遠方，另一手朝近處交互滑動，紓緩肌肉緊繃。

## 4　宛如延展肌纖維般，以4根手指揉捏

大拇指固定後，4根手指緊貼狗兒的身體，由下往上地左右交互移動，緩解肌肉緊繃。

以基本動作WES（扭法、輕擦法、輕撫法）將老廢物質引流至淋巴結。

## 5　扭法

用扭法進一步消除肌肉緊繃，從肌纖維推擠出老廢物質。

## 6　輕擦法（排液！）

請進行輕擦法。為了將肌肉的老廢物質引流至淋巴結，此時是從施術部位朝頸部附近的腮腺淋巴結方向輕擦。

## 7　輕撫結束按摩部位

順著毛髮平穩輕撫，安撫施術部位。這將成為結束該部位按摩的訊號。

手不要停頓，一邊輕撫，一邊移至下一個部位。

# 柔軟的肩膀使前肢動作變得更輕鬆！還能促進深呼吸

**目的**

提升肩胛骨的可動範圍，讓前肢動作更順暢。

## 肩膀放鬆之後，連呼吸都獲得改善

肩膀的肌肉一旦緊繃，肩膀的動作就不順暢，步幅變短，全身動作變得難以協調。

於是乎，下半身就可能產生代償性的緊繃。透過按摩肩膀，提升肩胛骨的可動範圍，將有助前肢動作的順暢。

此外，肩胛骨放鬆後，空氣更容易進入肺部，將對呼吸系統帶來正面影響。

尤其是那些經常拉扯牽繩的狗兒、接飛盤的狗兒、經常跳躍的狗兒、敏捷犬、導盲犬，以及高齡犬，請替牠們按摩肩膀吧。

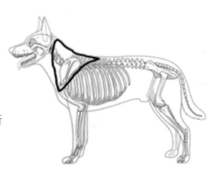

★記住頸外側三角吧！

頸外側三角係指斜方肌之頸部、肩胛橫突肌、鎖骨頭肌之頸部所包圍的區域。請按摩這個區域。

# POINT 1 肩膀的主要肌肉

### 斜方肌

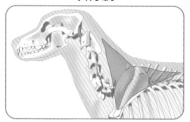

**斜方肌之頸部**
起點：第三頸椎至第三胸椎的背正中線。
終點：肩胛棘。
**斜方肌之胸部**
起點：第三胸椎至第九胸椎的背正中線。
終點：肩胛棘近端三分之一處。
作用：穩固肩胛骨，上舉和外展前肢。

### 棘上肌

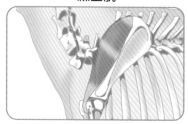

起點：棘上窩。
終點：以一條粗肌腱附著於肱骨大結節。
作用：伸展並由外側穩固肩關節。

### 棘下肌

起點：棘下窩。
終點：肱骨大結節外側的一小區域。
作用：伸展並由外側穩固或屈曲肩關節。

### 三角肌

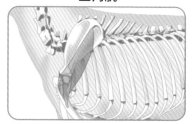

起點：肩胛骨的肩胛棘和肩峰。
終點：肱骨的三角肌粗隆。
作用：屈曲肩關節，外展前肢。

### 肩胛橫突肌

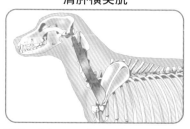

起點：肩峰——覆蓋肩胛棘遠端及肩關節的
　　　筋膜。
終點：寰椎翼。
作用：上舉前肢或使頸部外彎。

**按摩肩膀的主要部位**

## 棘上肌、棘下肌、斜方肌

＼ 確認肌肉位置！ ／

〈界標〉 肩胛棘、肩胛骨背緣、大結節

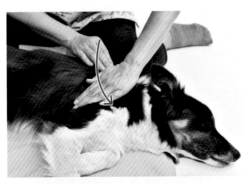

1 **輕撫法**

從脊椎順著肩胛棘的角度，數次往下輕撫棘上肌和棘下肌至大結節為止。

2 **輕擦法**

對相同部位上下反覆輕擦，替肌肉加溫。

3 **扭法**

以扭法溫和地按摩棘上肌、棘下肌、頸腹鋸肌，放鬆肌肉。

## 4　揉捏法

從肩峰朝背緣的方向，用大拇指揉捏棘上肌和棘下肌（每隔20秒加入輕擦）。

## 7

在肩胛骨背緣與脊椎之間輕撫斜方肌。肌肉緊繃。

## 5

順著肩胛棘的角度，以扭法、輕擦法朝腋窩淋巴結排液，再施以輕撫法。

## 8　輕撫法

用輕撫法安撫按摩過的部位。

## 6　強擦法

手指順著肩胛棘的角度，強擦肩胛骨與斜方肌的附著點。

# 若能讓前臂的肌肉變得柔軟，就能增強前腳的抓地力

按摩支撐體重的重要前肢。提升各個關節的可動範圍，穩固身體。

## 讓全身穩定，亦能防止受傷

狗兒的前肢支撐身體60～70%的體重。吃飯或嗅聞等時刻，日常生活中的許多動作都需要前肢強健的抓地力。支撐龐大體重的前腳掌，比後腳掌來得大。

走路或奔跑時，從肩胛骨的動作開始，相關的斜方肌、棘上肌、棘下肌，以及上臂、前臂的肌肉柔軟度皆會影響關節的可動範圍。為了讓日常生活中的各種動作更流暢，請好好按摩前肢吧。

透過按摩前肢來擴展肩關節、肘關節、腕關節的可動範圍，將有助肢體活動順暢。透過按摩腳尖來促進前肢的抓地，讓狗兒能夠穩穩地站在地面上，保持全身平衡。

**這時該怎麼辦？**

萬一狗兒不喜歡被摸腳，請從牠願意讓人觸摸的部位開始，先以指背摸腳，讓牠知道被人類觸摸不是那麼討厭的事情，慢慢讓牠習慣吧。

# │POINT 1 前肢的主要肌肉

### 肱三頭肌

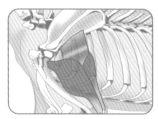

**斜方肌之頸部**
**起點**：狗兒的肱三頭肌有四個
　　　頭，其中的外側頭起始於
　　　肱骨近端。
**終點**：外側頭與其餘三個頭以一共
　　　同肌腱附著於鷹嘴。
**作用**：屈曲肩關節及伸張肘關節。

### 三角肌

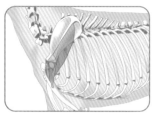

**起點**：肩胛骨的肩胛棘和肩峰。
**終點**：肱骨的三角肌粗隆。
**作用**：屈曲肩關節，外展前肢。

### 肱二頭肌

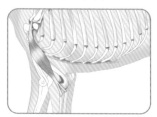

**起點**：狗兒的肱二頭肌僅有一個
　　　頭，起始於肩胛骨的盂上結
　　　節。
**終點**：橈、尺骨近端內側之粗隆。
**作用**：屈曲肘關節及伸張肩關節。

### 骨間肌

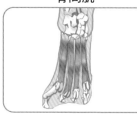

### 骨間肌及屈肌腱筒

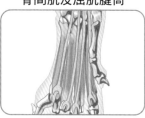

**起點**：第二、第三、第四及第五掌骨的近端。
**終點**：各肌肉分成兩條肌腱，其中一條附著於掌指關節掌側面的種子骨，
　　　另一條則延伸至對應指節骨的背側，在近端指骨處與指總伸肌之肌
　　　腱相連。
**作用**：屈曲掌指關節，使腳掌承重時保持腳掌的角度，以免過度伸張。

### 肱肌

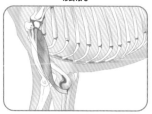

**起點**：肱骨外側面的近端三分之
　　　一段。
**終點**：越過肘關節，終止於橈、尺
　　　骨近端內側之粗隆。
**作用**：屈曲肘關節。

### 腕橈側伸肌

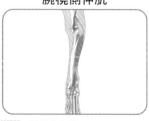

**起點**：肱骨外上髁。
**終點**：第二、三掌骨近端。
**作用**：伸張腕關節。

## POINT2 按摩前肢的主要部位

# 肱三頭肌、三角肌、肱二頭肌、肱肌

＼ 確認肌肉位置！ ／

〈界標〉 肩峰、大結節、肱骨外上髁、尺骨鷹嘴

| 上臂 |
|:---:|

### 1 輕撫法

按摩肩膀後，繼續從肩胛骨背緣往下
輕撫至腳尖數次。

### 2 輕擦法

以肩峰為基點，從上臂根部至腳尖為
止，對肱肌、肱三頭肌上下反覆輕擦
數次，替肌肉加溫。

### 3 扭法

以肩峰為基點，對上臂根部施以扭法
至肘關節近端。
注：請勿直接對肘關節施術。

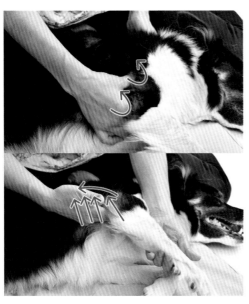

## 4　擠法

一邊輕撫，一邊對肱三頭肌、肱二頭肌、三角肌施以擠法，不妨左右手交替進行。偶爾以輕擦法朝腋窩淋巴結排液。

## 5　揉捏法

以大拇指從肘關節上方朝肱骨大結節、肩峰揉捏。鬆開肱三頭肌的肌腱。起初放輕力道，視狗兒反應慢慢增加壓力亦無妨。

## 6　WES（扭法、輕擦法、輕撫法）

針對施術過的部位，以扭法和輕擦法朝腋窩淋巴結排液，再以輕撫法安撫。

### 前臂

## 7　輕撫法

從上臂輕撫至腳尖。

## 8 輕擦法

從腕關節上方往上輕擦至肘關節下方。

## 9 壓法

將腕關節上方至上臂根部的部位分數次往上施以壓法。
注：請勿直接對關節施術。

---

### 腕部～腳尖

## 10 輕撫法

朝地面撫摸般往下輕撫至腳尖。如果狗兒不願意，請改以手背輕撫。

## 11 摩擦骨頭與骨頭的間隙

如果狗兒願意，則以大拇指指尖朝狗兒腳尖的方向摩擦骨頭間的縫隙。

## 12 壓法

手掌與狗兒的肉球貼合，一邊包住，一邊加壓。以6秒慢慢施加壓力，再緩緩放鬆。

注：施術時請注意狗兒的反應。

### 最後（結束）

13 從腳尖一路輕撫回前肢根部。

14 最後猶如撫平毛髮般，從前肢根部輕撫至腳尖。

# 若能讓頭部變得容易抬起，將有助步行動作之順暢

**目的**

提升頸部的可動範圍，讓抬頭和低頭更加輕鬆。還能促進深呼吸。

**放鬆容易僵硬的胸部，便能暢通血流**

透過按摩前胸來緩解過度聳肩的問題，有助狗兒動作流暢。此外，胸部放鬆後，頭部變得容易抬起，全身的動作將獲得改善，空氣也更容易進入肺部。

對高齡犬或導盲犬等工作犬來說，胸部也是必須按摩的部位。

## | POINT 1　前胸的主要肌肉

| 胸骨頭肌 | 淺胸肌 | 深胸肌 |
|---|---|---|
| 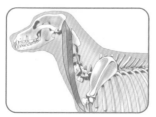 | 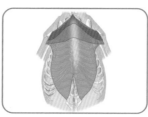 | 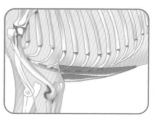 |

**起點**：胸骨柄。
**終點**：顳骨的乳突部。
**作用**：使頭頸部轉向兩側。

**起點**：胸骨柄。
**終點**：肱骨大結節嵴※。
**作用**：動物無負重時，使前肢內收；負重時，阻止前肢外展。

**起點**：胸骨的腹側、劍狀軟骨部（胸骨尾端）的腹深筋膜。
**終點**：肱骨小結節。
**作用**：當前肢抬高向前並固定時，使軀幹拉向前、伸張肩關節；不負重時，使前肢後縮、屈曲肩關節。

※譯注：肱骨體前緣上三分之一段有兩個嵴，各延伸至大結節的前端與後端，其中往前內上方延伸者，稱為大結節嵴。部分胸肌和鎖骨肱肌附著於此。

# | POINT**2**　**按摩前胸的主要部位**

## 鎖骨肱肌<sup>※1</sup>、胸骨頭肌、淺胸肌

＼　確認肌肉位置！　／

〈界標〉　大結節、顳骨乳突、胸骨柄、三角肌粗隆

1　由上而下輕撫整個前胸。

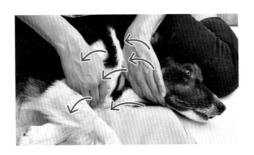

2　輕擦相同部位，替肌肉加溫。

3　沿著鎖骨肱肌、胸骨頭肌的肌肉紋理揉捏、輕擦。

4　揉捏、輕擦淺胸肌，朝腋窩淋巴結排液。

5　對整個前胸施以抖法，再對相同部位WES。
注：請勿在胸骨舌骨肌<sup>※2</sup>上方施壓按摩。

※1譯注：鎖骨劃以下，與上臂相連的部分，稱為鎖骨肱肌；鎖骨劃延伸至頭、頸部的部分則稱為鎖骨頭肌。

※2譯注：胸骨舌骨肌位於氣管之腹側，起始於第一胸骨和第一肋軟骨，終止於舌骨體，後側被胸骨頭肌覆蓋，負責將舌頭和咽喉拉向後方。

# 消除背部緊繃，減輕僵硬，好讓狗兒能夠奔跑、跳躍，為運動做好準備

**目的**

背部將會影響全身動作。提升柔軟度，改善整體動作。

### 背部緊繃將會影響全身

背部的最長肌一旦緊繃，導致後背拱起或下凹，便會影響步態。

■ **背部緊繃的原因**

· 過度拉扯牽繩
· 激烈的運動
· 重複性的動作
· 後肢疼痛
· 恐懼
· 神經質
· 肥胖
· 源自其他部位的
　二次性緊繃

頭部下垂，呼吸也變淺，將打亂自律神經之平衡。

按摩能夠緩解緊繃，改善全身動作，提升柔軟度，並且對呼吸系統帶來良好影響。

同時還能促進自律神經的穩定，亦能對狗兒的行為產生正面影響。

## POINT 1　背部的主要肌肉

### 背闊肌

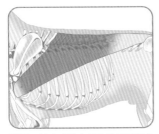

- **起點**：第六或第七個胸椎至腰椎之棘突延伸出來的胸腰筋膜；肌肉性附著點則起始於第十二或第十三個肋骨。
- **終點**：肱骨的大圓肌粗隆※。
- **作用**：屈曲肩關節；將前肢向後拉，做出如「挖」的動作。

### 胸腹鋸肌

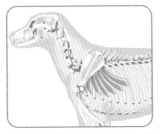

- **起點**：肩胛骨背內側三分之一處（鋸肌面）。
- **終點**：前七或八個肋骨的外側面中間三分之一處。
- **作用**：支撐軀幹重量，與吸氣相關。步行時與頸腹鋸肌一起使肩胛骨前後移動。

### 肋間外肌

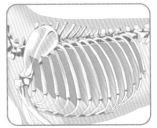

- **起點**：前位肋骨的後緣。
- **終點**：後位肋骨的前緣。
- **作用**：收縮時拉近肋骨間的距離，以助呼吸。

### 胸及腰最長肌

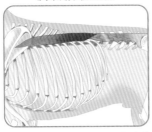

- **起點**：髂骨嵴、胸椎與腰椎的棘突。
- **終點**：胸及腰最長肌終止於胸椎與腰椎之各突起，而胸最長肌則可能附著於肋骨及第七頸椎。
- **作用**：支撐脊柱。使脊椎後彎、側彎，挺起上半身。

### 斜方肌

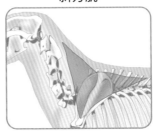

**斜方肌之頸部**
- **起點**：第三頸椎至第三胸椎之背正中線。
- **終點**：肩胛棘。

**斜方肌之胸部**
- **起點**：第三胸椎至第九胸椎之背正中線。
- **終點**：肩胛棘近端三分之一處。
- **作用**：穩固肩胛骨，上舉和外展前肢。

※譯注：大圓肌粗隆位於肱骨內側面近端的小結節下方，為大圓肌和背闊肌的終點；其後側近端則為肱三頭肌之內側頭的起點。

# | POINT2 按摩背部的主要部位

## 背闊肌、胸腹鋸肌、肋間外肌

\ 確認肌肉位置！ /

〈界標〉 胸椎與腰椎的棘突、第十三肋骨

1 **輕撫法**

輕撫整個背部。
朝尾巴的方向、從背部朝腹側的方向
施術。

**輕擦法**

針對輕撫過的部位。
順著或逆著毛髮輕擦。

**扭法**

雙手在毛髮上方滑動般，對整個背部
施以扭法。

## 2 揉捏法

為了鬆開背部的背闊肌、胸及腰最長肌，以手指或手掌側面輕輕揉捏。
注：此時請勿觸碰脊椎。

## 3 揉捏法

以4指揉捏胸部。從脊椎邊緣朝腹側，指尖併攏、劃半圓般交互滑下。

## 4 輕擦肋間肌※

13對肋骨的前半部朝腋窩淋巴結的方向，後半部則朝腹股溝淋巴結的方向，稍微張開指尖，將手指放進肋骨間隙般滑動。接著併攏手指，對前半部的肋骨朝腋窩淋巴結的方向輕擦，後半部則朝往腹股溝淋巴結的方向輕擦，促進排液。

※ 譯注：兩側胸壁各有十二個肋間，每個肋間各有一條表層的肋間外肌和深層的肋間內肌。

## 5　皮膚滾動法

順向、逆向，又或者斜角橫切過毛髮，朝各種方向施行皮膚滾動法。此法有助伸展筋膜。

## 6　抖法

以手掌微微搖晃肌肉，進行3秒左右的抖動。換一個部位，以相同手法按摩。

Option：　**叩打法**
　　　　　**輕拍法**

不妨以輕快的節奏輕拍整個背部。

## 指尖法

滑動指尖，猶如從皮膚上掬起毛髮，將手指滑至毛尖。請以輕快的節奏進行。

## 切法

最後對全體施以扭法，再以輕擦法讓前半部朝腋窩淋巴結，後半部朝腹股溝淋巴結排液。順著毛髮輕撫，安撫按摩過的部位。

指尖力道放鬆，以非常輕微的力道落下指尖。

---

■ 何謂叩打法（Tapotement）？

此乃按摩手技的類別名稱。「Tapoter」是法語動詞的叩打，源自以手拍打的意味。有以下這些技巧：

- 輕拍法　　　　　　　・杯擊法
- 切法　　　　　　　　・指尖法

叩打僅對軀幹、大腿等——狗兒身體大面積的肌肉部位施作，而不對以下部位或個體施作：

△骨頭凸起的部位　　　△懷孕犬
△出現神經麻痺的部位

進行叩打法時，手腕要柔軟，指尖力道應放鬆。指頭一用力，手指關節撞擊狗兒，就可能使對方感到疼痛。施術時不可在同一部位持續叩打，請一邊移動，一邊進行短暫叩打。

# 紓緩腰部肌肉緊繃，便能改善後肢整體動作

**目的**

影響及於髖關節和膝蓋的那些肌肉，對狗兒來說亦與重要的動作息息相關。尤其是高齡犬，腰部是需要飼主關注的部位。

## 成為跳躍力與奔跑原動力的肌肉

腰部的肌肉——臀中肌、臀淺肌若能保持良好狀態，後腳及全身的動作就會很流暢。

下半身的大塊肌肉是構成狗兒動作原動力的重要部位。腰部的肌肉牢牢地固定於髂骨，移動股骨的肌肉則包括：臀中肌、臀淺肌、臀大肌、縫匠肌、股四頭肌、闊筋膜張肌。

臀中肌一旦緊繃，臀部動作就會受到限制，後肢的可動範圍將會縮小。後肢動作不良的話，將對背部造成負擔，導致全身動作變得不順。好好按摩呵顧身體關鍵的腰部吧。

## | POINT 1　腰部的主要肌肉

### 臀中肌

起點：髂骨嵴。
終點：股骨大轉子。
作用：伸張、外展髖關節，並內旋後肢。

### 臀淺肌

起點：覆蓋在臀中肌的臀深筋膜，並藉著薦結節韌帶起始於薦椎外側緣及第一尾椎。
終點：股骨第三轉子[1]。
作用：伸展髖關節，外展後肢。

### 髂腰肌

起點：髂腰肌由腰大肌與髂肌組成。腰大肌起始於腰椎橫突及椎體，髂肌起始於髂骨前腹側面。
終點：以共同肌腱終止於股骨小轉子[2]。
作用：屈曲髖關節及軀幹。

# | POINT**2** 按摩腰部的主要部位

## 臀中肌、臀淺肌

\ 確認肌肉位置！ /

〈界標〉 髖結節、薦結節、髂骨嵴、坐骨結節、大轉子

### 1 輕撫法、輕擦法、扭法

順著臀中肌、臀淺肌的肌肉紋理輕撫和輕擦。待肌肉暖和後，以跟肌肉紋理垂直的方向施以扭法。

### 2 揉捏法

用大拇指或4根手指，順著肌肉紋理揉捏。

### 3 強擦法

大拇指側面跟肌肉紋理保持平行，輕輕施以強擦法。

### 扭法、輕擦法、輕撫法

施以扭法、輕擦法之後，再以輕撫法順著毛髮安撫按摩過的部位。

※1譯注：第三轉子為大轉子基部的一小粗糙區域，並不明顯。
※2譯注：小轉子是股骨體近端內側的一個錐狀突起，與第三轉子幾近同一高度。

# 後肢各個關節的動作改善後，將能減輕背部負擔

**目的**

提升各個關節的可動範圍，使動作順暢，減輕背部負擔。預防肌力衰退。

[ 後肢整體放鬆後，精神上亦能感到輕鬆 ]

透過按摩後肢，鬆開容易緊繃的肌腱，到腳尖為止的血液循環都將獲得改善。透過提升髖關節、膝關節、跗關節的可動範圍，改善後肢動作，將能減輕背部負擔。

同時，亦能促進後肢著地，有助預防受傷。此外，容易陷入不安、緊張的狗兒，腳尖則會非常緊繃，而按摩腳尖也有助紓緩牠們的精神狀態。

狗兒的後肢支撐身體30～40%的體重，而邁入高齡後，肌肉將從腰腿開始衰退。請以按摩促進血液

循環、給與營養、維持柔軟度，好好預防狗兒的肌力衰退吧。

---

■ 後肢肌肉緊繃的原因

※從事敏捷或接飛盤造成運動過度
※過度的訓練
※遺傳所致
※腳尖抓地力較弱的狗兒

※肩膀或前肢緊繃造成的代償性緊繃
※營養的影響
※外傷的影響
※肥胖所致

# POINT 1 後肢的主要肌肉

### 闊筋膜張肌

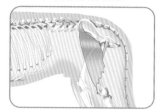

起點：髖結節及其鄰近的髂骨。
終點：外側筋膜※2。
作用：屈曲髖關節，伸展膝關節。

### 股二頭肌

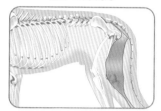

起點：坐骨結節和薦結節韌帶。
終點：膝蓋骨前側。
作用：伸展髖關節、膝關節及跗關節（亦稱為飛節）；股二頭肌之後側部則屈曲膝關節。

### 縫匠肌※1

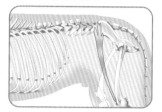

起點：髂骨嵴。
終點：膝蓋骨。
作用：後肢著地時屈曲髖關節，抬起時則伸張膝關節。

### 半腱肌

起點：坐骨結節。
終點：一條終止於脛骨近端內側面，另一條附著於跟骨結節。
作用：伸展髖關節和跗關節，屈曲膝關節。

### 內收肌※3

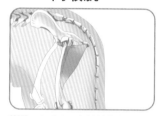

起點：內收大肌起始於整個骨盆聯合；內收長肌則起始於恥骨。
終點：內收大肌終止於股骨後側粗糙面的外唇；內收長肌終止於股骨後側轉子窩附近。
作用：伸展髖關節，內收後肢。

### 半膜肌

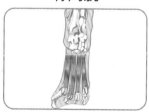

起點：坐骨結節。
終點：以兩條肌腱終止於股骨後側粗糙面的內唇和脛骨內側近端。
作用：伸展髖關節；附著在股骨的部分可伸展膝關節；附著於脛骨的部分則屈曲或伸展膝關節。

### 股四頭肌

起點：起點分為四個頭，最前側的股直肌起始於髂骨，其餘三頭起始於股骨近端。
終點：四頭合一終止於脛骨粗隆。
作用：膝關節最強大的伸肌，犬隻站立時，必須收縮此肌肉使膝關節伸張。

### 腓腸肌

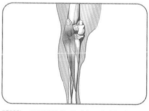

起點：腓腸肌的內側頭與外側頭分別起始於股骨內、外髁上粗隆。
終點：跟骨結節。
作用：屈曲膝關節，伸展跗關節。

### 骨間肌

起點：第二、第三、第四及第五掌骨的近端。
終點：各肌肉分成兩條肌腱，終止於對應掌指關節掌側面的種子骨與背側。
作用：屈曲掌指關節，使狗腳掌承重時保持腳掌的角度，以免腳掌過度伸張。

※1譯注：縫匠肌分為前部及後部兩條，呈帶狀。前部形成大腿前側的外型，後部則位於大腿內側，較薄、寬且長。
※2譯注：股外側筋膜是大腿部的筋膜，又稱為闊筋膜，是大部分腿部肌肉末端的腱膜終點。
※3譯注：內收肌分為內收大肌及短肌和內收長肌兩部分，但其分界不明顯。

## 闊筋膜張肌、股二頭肌、縫匠肌、半腱肌、腓腸肌、骨間肌

＼　**確認肌肉位置！**　／

〈界標〉　大轉子、髖結節、薦結節、髂骨嵴、坐骨結節、股骨外髁

**大腿**

**1　輕撫法**

按摩腰部後，繼續從臀中肌往下輕撫
至後腳尖數次。

**2　輕擦法**

從大轉子下方開始，對整隻大腿上下
反覆輕擦數次，替肌肉加溫。

**3　扭法**

從大轉子下方開始，對整隻大腿施以
扭法。
注：請勿對膝關節施作。

## 小腿

### 7 輕撫法

手指併攏，從跗關節的近端朝膝關節的遠端輕輕撫摸。

### 8 以大拇指和其餘2～4根手指夾住般，從跗關節的近端朝膝關節的遠端撫摸。

### 9 擠法

對腓腸肌施以輕柔的擠法。

### 10 壓法

將跗關節的近端至大腿根部的部位分數次往上施以壓法。
注：請勿對關節施術。

### 4

猶如從前方包夾般，對闊筋膜張肌、股四頭肌、縫匠肌施以擠法，接著換手從後方包夾施術，鬆開肌肉。

### 5 輕撫法

從膝關節上方開始，朝股骨大轉子、髂骨髖結節、坐骨結節的位置，以大拇指側面揉捏。

### 6 WES

針對先前按摩過的部位，以扭法和輕擦法朝腹股溝淋巴結排液，再以輕撫法安撫。

對大腿施以叩打法

## 從跗部到腳尖

### 11 輕撫法

朝地面撫摸般往下輕撫至腳尖。如果狗兒不願意，請改以手背輕撫。

### 12 摩擦骨頭與骨頭的間隙

如果狗兒願意，則以大拇指指尖朝狗兒腳尖的方向摩擦骨頭間的縫隙。

### 13 壓法

手掌與狗兒的肉球貼合，一邊包住，一邊加壓。

### 14 從腳尖一路輕撫回大腿根部。

### 15 最後猶如撫平毛髮般，從大腿根部輕撫至腳尖。

# 從皮膚對細胞作用的「觸摸保養」

### 觸摸保養與按摩的關聯性

「按摩」（Massage）是基於骨骼與肌肉解剖學、生物力學的知識來對肌肉施展各種手技，以獲得身體上的效果。

「觸摸保養」（Touch care）則是溫柔包覆體表般進行觸摸、輕撫，藉此給與細胞溫和的刺激，活化神經通路，提升身體意識，作用於精神及情緒的身心照護。任何人只要有「充滿愛的手和心」，隨時隨地都能進行觸摸保養。代表性的手法有「TTouch」、「Praise Touch」、「氣功」等。

### 被最心愛的人觸摸、觸摸心愛的狗兒

狗兒透過被牠信任、最心愛的家人以充滿愛的雙手觸摸，就能感受到生命最基本的滿足與連結。觸摸狗兒的你也感受到撫摸愛犬柔軟毛髮的溫度，人犬體內都因而釋放催產素。催產素又被稱為「羈絆荷爾蒙」、「愛情荷爾蒙」。

它是會產生平靜、歸屬感，強化雙方連結的荷爾蒙。同時，透過釋放大量催產素，可以減輕不安，強化戰勝壓力的力量，並提升自我治癒力和免疫力。

### 充滿溫和愛情的觸摸保養可以減輕彼此的壓力
### ～對狗兒的好處～

狗兒跟人類一樣會感受到壓力。心理上、環境上、身體上的壓力對精神造成不良影響，將會打亂情緒平衡。平常表現穩定的狗兒，一旦身體不適，就變得易怒；不會亂吠叫的狗兒，一旦跟家人分開，就因環境改變而開始吠叫。

感受到壓力時所釋放的壓力荷爾蒙，對身體也有不良影響。全家人都能輕鬆進行的觸摸保養，不但可以減輕狗兒的壓力，還能促進精神與情緒面的健康，預防疾病。同時，情緒穩定後，也更有自信，有助提升學習能力。

### ～對人類的好處～

提醒自己自然深呼吸，暫時拋開思緒，專心用五感去感受眼前愛犬柔軟毛髮的溫度。透過觸覺，我們可以意識到現在這一瞬間。用深呼吸促進自律神經之平衡，好好用心面對每一個當下，如此便能減輕壓力，為身心帶來良好影響。

Holistic (整體性)

# Part 3

## 有助恢復機能的
## 身體保養

- 每天3分鐘Praise Touch®，共享心靈交流時光

- 對高齡犬的溫柔照護有助提升生活品質（QOL）

- 身體保養案例

- 提升肌肉柔軟度的伸展

- 個別犬種的壓力累積點

# Praise Touch®

# 每天3分鐘Praise Touch，共享心靈交流時光

## 誰都能輕鬆上手的觸摸保養

Praise Touch跟按摩不同，無需解剖學知識，是男女老幼任何人都能輕鬆對愛犬施作的**觸摸保養**。

即使只有短短幾分鐘，暫時停止思考，跟狗兒共度一場人犬心靈交流的正念時光吧。

被家人的溫柔雙手**觸摸**，將為愛犬和飼主雙方身心帶來正面影響。感謝愛犬的存在、感謝彼此共度的每一個無可取代的瞬間，讓彼此合而為一吧。

Praise＝感謝對方的存在。感謝彼此共度的每一個無可取代的瞬間。

Touch＝相互觸摸、親密無間的寧靜時光。

Praise Touch可以每天早、中、晚進行，也可以視情況做「最愛你」、「早安」、「晚安」的3種例行程序。每種程序以6～8種觸摸手法完成一連串的流程。

### Praise Touch的優點

＊對人犬雙方的身心帶來良好影響
＊放鬆
＊減輕壓力
＊有助釋放催產素
＊促進自律神經之平衡
＊正念時光

### Praise Touch的效果

· 身體意識（感覺）的提升＝改善全身動作，提升運動功能
· 刺激大腦＝預防、改善失智症
· 建立自信＝減輕壓力
· 改善不安＝改善問題行為
· 確認每天身體狀態＝早期發現疾病
· 減輕過去的心理創傷＝減輕壓力
· 維持、改善呼吸系統、泌尿系統、心血管系統的功能
· 促進代謝、促進體液循環
· 緩解疼痛

**「最愛你」程序** 成為每日功課的觸摸保養。

## 1 全身輕撫法

開始觸摸的招呼訊號。從後腦杓至尾巴尖端、從肩膀至前腳尖、從肩膀至後腳尖、（另一側亦同）最後再從後腦杓至尾巴尖端。

## 2 頸部擠法

紓緩頸部緊繃。
一邊吸氣，一邊將皮膚高高提起；接著一邊吐氣，一邊慢慢放回原位。

## 3 頸部劃圓觸摸法（Cycle touch）

消除頸部痠痛。
用手指在頸部周圍順時針劃圓，移動皮膚。
劃完一個圓圈之後，移至下一個部位。

## 4 耳朵輕撫法

讓狗兒平靜下來。

## 5 背部輕擦法

消除背部僵硬。
從後腦杓至尾巴根部為止，雙手交互平穩輕擦。

## 6 尾巴根部劃圓觸摸法

調節自律神經之平衡。
手指在毛髮上滑動般輕輕劃圓。順時針3圈，逆時針1、2圈。

## 7 W字觸摸

提高身體意識。
一邊反覆張開、併攏手指，一邊用整個手掌撫摸側面身體。
施作順序為：尾巴根部→右後腳尖→腰部→腹部→肩膀→右前腳尖，另一側亦同。
每側來回2次。

### ※擠法和劃圓觸摸法

小型犬4次，中大型犬6～8次

「早安」程序

早上散步前或者想振作狗兒精神時的觸摸法。若以開朗而飽滿的心情施術，便能喚起狗兒的精神。這項程序特別適合高齡犬。

## 1 全身輕撫法

手指微張，以指尖的輕柔力道撥開毛髮般地撫摸。

Point! 為了給與身心輕快的刺激，請稍微加快輕撫速度。

## 4 背部雨滴法

提升身體意識，調節自律神經之平衡。
從背部到尾巴根部為止，請避開脊椎，以輕微的力道施以雨滴法。

## 2 對角交叉輕撫法

促進體液循環，讓狗兒重新意識身體連結。
從右前肢到左後肢來回，再從左前肢到右後肢來回，交叉輕撫各2趟。

## 5 雪花法（Snowflake）

喚醒體內的精力。
從肩膀到臀部為止，彷彿在觸摸毛尖般，放鬆手腕力道，有節奏地揮動指尖。左右來回各1趟。

Point! 像要揮掉沾在毛尖上的細雪。

## 3 頭部雨滴法（Raindrop）

紓緩緊繃，有助狗兒放鬆與專注。
食指、中指和無名指3個指尖以極輕微的力道，宛如雨水靜靜落下般地觸摸狗兒。施術時間約10秒。

## 6 振奮法（Uplifting）

振奮狗兒的情緒。
兩手從下方掏起狗兒身體周圍的空氣般，從前腳尖→肩膀→腹部→背部→後腳尖，慢慢往尾側移動。

「晚安」程序　　每天睡前施作，有助彼此放鬆的觸摸法。釋放身體與心理的緊繃，讓狗兒睡個好覺吧。

## 1　被動觸摸法（Passive touch）

彼此放鬆，心靈交流。
輕柔地將手掌放在狗兒身上，感受狗兒的體溫。接著，試著去感覺狗兒的呼吸吧。

## 4　吻部輕撫法

促進情緒平衡。
猶如母犬舐拭幼犬，從鼻尖溫柔撫摸至耳朵下方為止。

## 2　全身輕撫法

安撫心靈，使狗兒冷靜。
整個手掌將溫度傳達給狗兒般，以穩定而緩慢的節奏，從後腦杓往頸部，再到尾巴尖端為止，順著毛流不間斷地長撫。

## 5　耳朵根部劃圓觸摸法

緩解緊張，使神經質的狗兒冷靜。
手掌輕輕握起，用手背劃圓。對象若為小型犬，則使用指甲邊緣。劃完一個圓圈後，移動指背，再劃一個圓圈，如此反覆5次。

## 3　從肩膀到臀部的劃圓觸摸法

緩解身心緊張。
整個手掌貼緊狗兒的身體，移動皮膚般地順時針劃一個圓圈。手掌滑至下個部位，再劃一個圓圈。

## 6　車輪觸摸法（Wheel touch）

緩解身心緊張。
雙手手掌包覆住狗兒的肩膀，猶如轉動的車輪，朝頭部方向緩緩交替轉動。接著也可以進行被動觸摸法。

# 身體保養

## 對高齡犬的溫柔照護有助提升生活品質（QOL）

### 年紀愈大，愈需要身體保養

透過「按摩」來維持、提升肌肉狀態，減輕關節負擔，讓日常生活中的整體動作更流暢。

透過「Praise Touch」來保持狗兒的本體感覺功能[*1]，維護容易衰退的身體意識。

運用按摩和觸摸保養為身心注入活力，提升狗兒的生活品質。

### 高齡可能出現的身體變化

#### 肩膀、前肢

斜方肌、棘上肌、棘下肌、三角肌一旦僵硬、緊繃，肩關節的可動範圍就會變窄，造成前肢動作受限。於是乎，全身動作變得不靈活，背部與後肢也會硬邦邦的。

#### 背部、胸部

狗兒年紀一大，深層肌肉、支撐軀幹的肌力往往會逐漸衰弱。背最長肌、髂肋肌、背鋸肌是跟背部伸張有關的肌肉；腹外斜肌、腹內斜肌、腹直肌、肋間肌則是跟背部屈曲有關的肌肉。請按摩這些肌肉，保持其柔軟度，讓狗兒的全身動作更輕盈吧。

#### 下半身（腰部、後肢）

要維持後肢動作的流暢，腰部與後肢肌肉的柔軟度是不可或缺的。臀中肌、臀淺肌、縫匠肌、股四頭肌、闊筋膜張肌一旦緊繃，背部亦會感到不適。膝蓋以下的伸張、屈曲，以及維持動作流暢的肌肉，主要有腓腸肌、股二頭肌、半腱肌。為了讓腿部確實支撐身體重量，腓腸肌必須保持柔軟。

**被動觸摸法**

僅僅將手掌放在狗兒身上，反覆進行自然的深呼吸。

## 輕撫法

描繪身體輪廓般地將手從後腦杓滑到前腳尖、從肩膀滑到身體側面，然後再滑到後腳尖。讓狗兒重新確認容易衰退的本體感覺[*1]。

（*1不依賴視覺，就能意識到自身腳尖和關節位置的能力。）

### 1 防止視力退化，眼睛周圍的劃圓觸摸法

以2～3個指尖在眼睛周圍（眼窩外側）劃小圓圈，輕輕按壓太陽穴。

### 2 重新確認身體連結的對角交叉輕撫法

指尖觸碰地板，從右前肢到左後肢來回，再從左前肢到右後肢來回，交叉輕撫各2趟。

### 3 背部輕擦法

輕擦容易僵硬的背部。先從後腦杓輕擦至尾巴根部，接著再輕擦身體側面。

### 4 肩膀輕擦法

手部動作不間斷地從身體側面一路輕擦至臀部，再從大腿輕擦至腳尖。

### 5 大腿擠法

從兩側夾住縫匠肌、闊筋膜張肌，以手指側面平穩擠壓。從兩側夾住半腱肌、股二頭肌施術。

### 6 擠法

對腓腸肌輕施擠法。

## 到腳尖為止的輕撫法

1 邁入高齡的狗兒，末梢的身體意識往往會逐漸衰退。一路觸摸至腳尖為止，給與狗兒舒適的刺激，將能激發牠的本體感覺。

4 **腳掌壓法**

手掌與狗兒的肉球貼合，以6秒慢慢施加壓力。維持6秒後，再緩緩放鬆。
本法可促進腳掌的血液循環。之後，從腳尖朝大腿的方向逆毛輕撫。

2 **朝腳尖的揉捏法**

大拇指指腹朝狗兒的腳尖溫柔臨摹骨頭縫隙，感覺像要稍微撐開腳掌一般。當背部和四肢的肌肉逐漸衰弱、步態變得生硬時，腳尖就會用力過度。

Option

使用這類橡膠刷或海綿等道具給與狗兒平穩的刺激亦可。

3 **肉球劃圓觸摸法**

在肉球上，以指尖輕輕地順時針畫小圓圈。
請刺激狗兒的腳掌，別讓牠忘記踩在地面的感覺。

## 肋間肌輕擦法

### 1 有助改善全身動作

呼吸亦會變得輕鬆。

指尖微張，感覺像在肋骨間滑動手指般，雙手輪流從脊椎邊緣往下撫摸。13對肋骨的前半部朝腋窩淋巴結的方向輕擦，後半部朝腹股溝淋巴結的方向輕擦。

### 3 肩胛骨背緣強擦法

改善前肢的可動範圍

以大拇指側面，或以4個指尖觸碰肩胛骨背緣，上下輕振強擦。腰腿肌力退化，導致前肢負擔增加的高齡犬，其脊椎骨與肩胛骨背緣之間（斜方肌）的負擔也會變大。

### 2 棘上肌與棘下肌的揉捏法

確認肩胛棘的位置，分別對棘上肌和棘下肌施以揉捏法。輕擦之後，以雙手大拇指的指腹，從肩胛棘朝肩胛骨背緣施以揉捏法。

### 4 前胸抖法

適合動不動就低頭的高齡犬。

整個手掌放在前胸，擺盪般地施以抖法。不要施加超過手掌的壓力，平穩地擺盪。放鬆狗兒的胸骨頭肌、淺胸肌吧。

| 不可施術的狀況 | |
| --- | --- |
| ・急性發炎期 | ・浮腫 |
| ・皮下、皮膚出血 | ・血流障礙 |
| ・惡性組織之部位 | ・血流瘀滯之部位 |
| ・體溫調節功能失常 | ・開放性創傷 |
| ・知覺減少、知覺喪失 | |

# 敏捷這類的狗運動就別提了，就連在狗公園也超愛奔跑！

## 頸部和背部的肌肉是重點

對於經常奔跑的狗兒來說，頸部和背部的柔軟度是非常重要的。

頭部在奔跑時向下壓低，讓前進的狗兒更容易將後肢從地面抬起。

頸部一旦緊繃，延伸自後腦杓的夾肌、菱形肌，以及斜方肌的柔軟度都會受到影響，導致狗兒的頭部難以下壓。

背部的背最長肌、腹直肌、肋間肌跟伸張和屈曲背部的動作息息相關。為了讓身體大幅伸展、向前跨步，背部必須保持柔軟。

| 按摩哪裡？ |
| :---: |
| ● 頸部到肩膀 |
| ● 整個背部 |

**Point!**

奔跑後不要立刻按摩，請先讓身體冷卻（詳見P.85），在全身放鬆的狀態下施術。

# 身體保養的實踐！

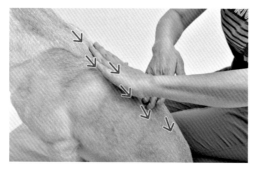

## 背部輕擦法

在脊椎上方溫和輕擦。

## 背部皮膚滾動法

對整個背部施以皮膚滾動法。施術時請跟皮膚呈順向、逆向、斜向等各種不同的方向。

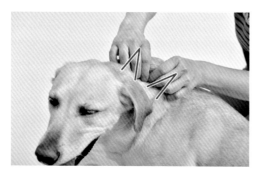

## 頸部擠法

正如母犬叼起幼犬，鬆鬆地提起狗兒皮膚。一邊吸氣，一邊提起；一邊緩緩吐氣，一邊放回原來的位置。
請不停變換施作部位，放鬆狗兒的頸部。

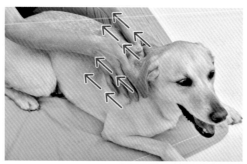

## 脖子到肩膀的揉捏法

在狗兒的脊椎旁邊，以大拇指側面交互平穩揉捏。
注：請勿觸碰脊椎的各突起。

# 沒完沒了地熱衷於球類、飛盤的你 丟我撿！

**好好保養跳躍時不可或缺的軀幹、肩膀相關肌肉吧**

狗兒為了追球、接球，或者在空中接飛盤而必須跳躍時，腹部、臀部與肋骨肌肉的柔軟度都是不可或缺的。

按摩容易僵硬的肩膀附近和軀幹，為狗兒紓緩緊繃吧。

跳躍時後腳向前伸展，讓前腳彈起的動作，以及著地時的前腳落地，都需要充滿彈力的肩膀和前肢，尤其是肩膀。該處肌肉一旦變硬，前肢的可動範圍減少，全身的動作和姿勢就會紊亂，導致肩膀疼痛，進而造成下半身緊繃。替狗兒揉開緊繃，解除引起疼痛的疲勞吧。

| 身體保養的實踐！ |
| --- |
| ● 肩膀周圍 |
| ● 背部到胸廓 |

# 身體保養的實踐！

以擠法緩緩揉搓，消除狗兒肩膀肌腱的緊繃。

反覆輕擦肩胛骨背緣至肱骨大結節，替肌肉加溫、放鬆。最後朝腋窩淋巴結排除老廢物質。

用整個手掌施以縮緊、伸展筋膜的夾法，消除背部和胸部的疲勞。

從脊椎邊緣開始，將手指放進肋間肌間隙般滑動。
13對肋骨的前半部朝腋窩淋巴結的方向，後半部則朝腹股溝淋巴結的方向滑動手指。

# 總是長時間散步、
# 盡情玩耍後的冷卻

> 藉由按摩冷卻身體，別留下
> 疲勞物質

充分散步之後，補充大量水分，讓狗兒好好休息、冷卻，去除牠們身體與心理的緊繃吧。放鬆肌肉，促進血液循環，排出累積在肌纖維的疲勞物質，預防肌肉硬化、失去彈性。同時，亦能平撫高昂的身心。

| 按摩哪裡？ |
| --- |
| ● 整個前胸 |
| ● 肩膀到臀部 |

**Point!**

以輕柔的力道、緩慢的節奏來放鬆肌肉吧！

# 身體保養的實踐！

## 胸部抖法

以手掌抖動搖晃胸部。
接著輕擦腋窩淋巴結、腹股溝淋巴結，促進排液。

## 從肩膀到臀部的劃圓觸摸法

從肩膀至臀部為止，以手掌包覆身體，提起皮膚般地劃圓。
劃完一個圓圈之後，手掌往旁邊移動，再重新劃圓。

## 背部扭法

對整個背部施以扭法。雙手手掌在毛髮上輕輕交替滑動。

## 前胸抖法

一邊在前胸變換部位，一邊輕輕抖動搖晃。最後輕撫全身，將所有施術整合後結束。

# 散步時一個勁兒地拉扯牽繩……

[ 調整姿勢，
記住腳踏實地的感覺吧 ]

用力拉扯牽繩導致身體前傾，將會增加前胸負荷，使肩膀承受多餘的壓力。

此外，由於無法自由上下擺動頭部，頸部和背部也會變得緊繃。背部彈性一旦受限，後肢動作亦將變得不順；而在後腳無法好好踩在地面上的狀態下，後肢肌力將會衰退。

走在飼主左腳側的狗兒，若是拉扯牽繩，右肩就會產生疼痛吧。對脖子施加過大的壓力，據說亦會對眼睛造成不良影響。萬一狗兒有拉扯牽繩的狀況，比方說改用胸背等，請設法避免狗兒用力拉扯吧。

| 按摩哪裡？ |
| --- |
| ● 前胸　　　● 肩膀 |
| ● 頸部　　　● 後腳尖 |

# 身體保養的實踐！

## 抖法

讓經常使力的前胸放鬆。以整個手掌抖動搖晃前胸。

接著輕擦淺胸肌，朝腋窩淋巴結排液（詳見P.57）。

## 車輪觸摸法

以車輪觸摸法放鬆因前傾而過度使力、容易變得僵硬的肩胛骨相關肌肉（棘上肌、棘下肌）。

雙手手掌輕輕包覆般地夾住狗兒肩膀，猶如轉動的車輪，朝狗兒頭部的方向左右交替大幅度慢慢轉動。

## 頸部擠法

一邊吸氣，一邊高高提起頸部皮膚；一邊吐氣，一邊緩緩放回原位，將手輕輕放開。

變換部位，重複上述動作。從後腦杓開始，放鬆頸部肌肉。

## 肉球劃小圓觸摸法

提升後腳尖的意識，增進穩穩踩住地面的抓地力。

指尖在肉球表面與縫隙間順時針劃小圓圈。

請以輕撫法往下撫摸至腳尖，增進狗兒腳踏實地的感覺。

# 家裡的聲音、外面傳來的聲音等，
# 對小聲響也很敏感的孩子……

**讓耳朵放鬆，對心靈亦會產生作用**

能夠聽見微小的聲音並有所反應，乃是狗兒了不起的能力之一；但老是像偵察隊那樣一一反應的話，就連狗兒也會疲憊不堪。

對聲音敏感的狗兒，其耳朵根部往往很僵硬，造成血流不順，甚至有可能引發外耳炎等疾病。

因神經使用過度而變得僵硬的耳朵，可以透過恢復身體的平和狀態，促使其心靈狀態趨向平和。

如果狗兒不願讓人觸摸耳朵，請從用手背觸摸開始練習。

此外，確認狗兒耳朵的味道、察看耳朵內部；檢查耳朵狀態亦很要緊。

| 按摩哪裡？ | |
|---|---|
| ● 頭部 | ● 頸部 |
| ● 整個耳朵 | |

# 身體保養的實踐！

### 大幅轉動、放鬆耳根

用大拇指和4根手指夾住耳朵根部般地輕握，感覺像要移動頭皮似的向前大幅轉動3圈，向後轉3圈。

### 透過輕撫法，提升對耳朵的意識

大拇指指腹從耳根朝耳尖，猶如溫柔觸摸花瓣般地滑動。在耳尖以大拇指和支撐耳朵的手指施加一點點的壓力，然後一路撫摸至毛尖。大拇指指腹向後移動，再從耳根至耳尖撫摸整個耳朵。

### 促進耳朵周圍的血流

大拇指和食指從耳朵後側夾住般地握著耳朵，手指前後滑動5次。

### 讓變僵硬的胸骨頭肌放鬆

從靠尾側的耳根下方到肩關節為止（＝胸骨頭肌），以大拇指和食指輕輕夾住般地鬆開肌肉。

# 無論在家或出門，立刻就向飼主撲跳討抱

### 討抱的心理狀態

對於經常討抱的狗兒，請先消除牠們身體與心理上的不安。

透過Praise Touch放鬆身心，讓狗兒的心理狀態徹底平靜下來。

首先去除頸部緊繃，提高身體意識，促進腳踏實地，人犬心靈交流。營造一個讓狗兒什麼都不必擔心的時光，給予安心感，穩定牠的情緒吧。飼主也請放鬆心情，記得好好深呼吸。

此外，小型犬有時很容易被人抱起來，因為這樣，狗兒靠自己腳踏實地的感覺就會減弱。

每當狗兒陷入不安的情境，就將牠抱起來——這種行為不斷反覆的話，狗兒將變得連一丁點不安都無法自行應付。

提升腳尖的抓地力，鼓勵狗兒腳踏實地，同時在情緒面上也給予狗兒自信及穩定吧。

| 按摩哪裡？ | |
|---|---|
| ● 頸部 | ● 腳尖到全身 |

# 身體保養的實踐！

對頸部施以擠法，紓緩因為老抬著頭而容易緊繃的脖子。

一邊吸氣，一邊高高提起頸部皮膚；一邊吐氣，一邊緩緩放回原位，將手輕輕放開。

變換部位，重複上述動作。小型犬4次、中型犬6次、大型犬8次。

從肩膀至腳尖、從大腿至腳尖施以滑動觸摸法（Sliding touch），促進狗兒抓地。

整個手掌包覆身體線條般放置在狗兒身上，一邊吸氣，一邊提起皮膚；再一邊緩緩吐氣，一邊放回原位。先做一次呼吸，手掌跟狗兒保持貼合往下滑動至下一個部位，接著重複上述動作。

以對角交叉輕撫法讓狗兒意識到身體前面與後面的連結。

指尖觸碰地板，從右前肢到左後肢來回，再從左前肢到右後肢來回，交叉輕撫各2趟。

請在背部中央回轉手掌，讓指尖朝向腳尖。

以被動觸摸法給予狗兒安心感。

手掌沿著身體線條，包覆般輕輕觸碰。

首先以手掌感受狗兒的體溫，接著以手掌感受狗兒的呼吸。配合狗兒的呼吸節奏。如果呼吸過快，請施術者反覆進行深呼吸。

什麼都不去想，將心靈交給手掌的感覺。

# 對電鈴聲或某種固定刺激叫個不停

> 放鬆因吠叫的姿勢，而用力過度的下半身

狗兒吠叫示警的能力是很寶貴的；然而，若是對某種刺激反應過度——例如玄關門鈴一響，就狂叫不止的話，狗兒亦會感到疲憊。針對這種反應過度的情況，請觸摸狗兒的吻部，給與穩定的刺激，促進情緒面的平衡，提升狗兒對嘴巴的意識吧。

此外，放鬆因警戒而變硬的尾巴，亦能促進心靈的平靜。如果人類在狗兒對門鈴吠叫時大聲斥責、大吼大叫，狗兒見到自己信賴的家人也變得不開心，將可能認定那個門鈴聲是不好的事物。

遇到這種情況，飼主請先深呼吸，想像一下自己希望狗兒怎麼做。只要吠叫停止，即使只有一瞬間，也請好好地誇獎狗兒吧。

| 按摩哪裡？ | |
| --- | --- |
| ● 後腦杓 | ● 尾巴 |
| ● 頸部周圍 | |

# 身體保養的實踐！

### 後腦杓揉捏法

揉捏、放鬆由於經常吠叫而緊繃的後腦杓
夾肌。雙手大拇指側面如滑動般移動。朝
旁邊移動後，再重複上述動作。
注：請勿以大拇指的指尖按壓，避免變成
單點施壓。

### 吻部輕撫法促進情緒面之平衡

一隻手輕輕支撐下顎，手指併攏，如母犬
舔拭幼犬般從鼻尖往耳後根滑動。每側輕
撫5次。
注：吻部周圍的觸鬚和末梢神經很敏感，
請勿長時間施術。

### 尾巴根部劃圓觸摸法促進自律神
### 經之平衡

指尖劃小圓般在尾巴根部輕輕滑動，順時
針3圈、逆時針1、2圈。

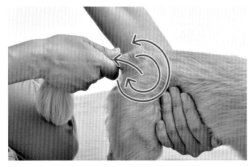

### 伸展尾巴，紓緩身體緊繃

握住狗兒尾巴根部，在尾巴的可動範圍內
轉動，順時針3圈，逆時針3圈。
接著緩緩拉著尾巴伸展，再放回原本位
置。
注：施術時請配合呼吸節奏。

# 一穿衣服就僵住……討厭洗澡和梳毛……

> 給毛髮另一個新感受，減輕
> 心理創傷

狗兒在洗澡時發生不好的經驗，或者在梳毛時曾有被梳子勾到的疼痛回憶，便可能留下心理創傷。

請透過給與全新觸覺的觸摸，將殘留於細胞層次的舊日創傷置換成美好記憶吧。

此外，幼犬時期沒能盡情跟其他狗兒嬉鬧玩耍，或者很少被人手撫摸身體——這類狗兒的身體意識會比那些擁有充實經驗的狗兒來得低。對於自身輪廓與外在界線的感覺模糊不清，對於被觸摸非常敏感。給與狗兒溫和的觸覺感受，讓牠慢慢習慣，透過提升身體意識來克服創傷吧。

| 按摩哪裡？ | |
|---|---|
| ● 前胸 | ● 軀幹 |
| ● 頭部 | ● 全身 |

# 身體保養的實踐！

### 對頭部毛髮劃圓，讓狗兒習慣溫和的刺激

用大拇指、食指、中指提起毛根，移動皮膚般地劃小圓圈，並將手指滑至毛尖。劃完一個圓圈之後，移至其他位置。

注：請勿拉扯毛髮。

### 對全身毛髮劃圓，讓全身習慣溫和的刺激

依前述方法對全身施術。

### 放鬆前胸的扭法

手掌順著狗兒的身體，以固定節奏滑動般交互移動。

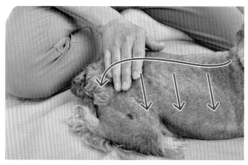

### 讓狗兒意識全身輪廓的輕撫法

手掌緊貼狗兒的身體，順著身體線條輕撫。

# 一參加訓練比賽或犬展等充滿緊張感的活動就疲憊不堪

[人類深呼吸時，狗兒亦會冷靜下來]

在比賽或犬展等的審查活動上，有許多非常緊張的人，情緒受到感染的狗兒便也跟著緊張起來。

人類自己請記得深呼吸，對狗兒施以充滿正念的Praise Touch，

如此人類將會變得冷靜，被觸摸的狗兒亦會冷靜下來。

此外，例如參加活動、旅行出遊等——同時處於愉快的刺激與不熟悉的環境下，狗兒的身體會變得緊繃，請好好幫牠紓緩吧。

| 按摩哪裡？ | |
| --- | --- |
| ● 耳朵 | ● 四肢腳尖 |
| ● 身體側面 | |

**Point!**

對於長耳犬種，請以單側手掌跟地面保持平行般地支撐狗兒的耳朵，並以另一隻手的2根手指輕撫。請勿使力，猶如觸摸花瓣般施術。

# 身體保養的實踐！

輕撫耳朵讓狗兒冷靜下來。雙手大拇指從頭頂到耳根為止，猶如伸展頭皮般地滑動。

一手扶住下顎，大拇指放在耳朵上方，其餘4指握住耳朵下方，從耳根朝耳尖滑動。

長毛犬請輕撫至毛尖為止。

請對耳根進行劃圓觸摸法，紓緩狗兒的緊繃吧。

輕輕握住手，用手背劃圓。請以第1關節和第2關節之間的平坦處施術；小型犬則以指甲邊緣，順時針劃小圓圈。劃完一個圓圈之後，移動手背，再劃一個圓圈。上述動作重覆5次。

注：請注意不要施力過重。

請對肩膀至臀部進行劃圓觸摸法，紓緩身體與心理的緊繃吧。

整個手掌貼緊狗兒的身體，順時針劃一個圓圈。劃完一個圓圈之後，手掌滑至下個部位，接著再劃一個圓圈。

*不是在毛髮上面滑動手掌，而是移動皮膚。　*請提起皮膚般地劃圓。

請對全身進行輕撫法，安撫狗兒的心靈吧。

以手掌撫摸狗兒全身。傳達手掌溫度般，以固定而緩慢的節奏，從後腦杓到頸部，再到尾巴尖端為止，順著毛流進行長撫。從肩膀輕撫至腳尖之後，請繼續往地面撫摸，促進狗兒的抓地力。從肩膀朝身體側面，從臀部朝後腳尖的方向輕撫。

# 開始運動前，預防受傷的熱身

運動前請先熱身，替身體加溫，好促進血液循環，讓狗兒的身體活躍起來。

身體暖和、本體感覺提升後，就能預防受傷。並非按摩特定肌肉，而是以抖法搖晃整個部位，以叩打法給與溫和的刺激。

尾巴是維持身體平衡的舵手，伸展尾巴亦能對全身動作產生正面影響。

| 按摩哪裡？ | |
| --- | --- |
| ● 前胸 | ● 尾巴 |
| ● 背部到下半身 | |

# 身體保養的實踐！

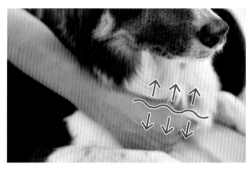

### 前胸抖法

每2、3秒變更施術部位，搖晃肌肉般地抖動手掌。

### 背部、大腿部的輕拍法

指尖放鬆，以非常輕微的力道叭噠叭噠輕拍。

### 腰部、臀部、後肢的抖法

每2、3秒變更施術部位，搖晃肌肉般地抖動手掌。

### 伸展尾巴

握住狗兒尾巴根部，在尾巴的可動範圍內轉動，順時針3圈，逆時針3圈。
接著緩緩拉著尾巴伸展，再放回原本位置。
注：施術時請配合呼吸節奏。

# 提升肌肉柔軟度的伸展

**Point!**

· 請勿對關節施壓
· 與地面保持平行伸展
· 手部不可用力過度
· 別忘了深呼吸
· 請在可動範圍內施作，不可伸展過度

[ 首先，進行幾次輕微伸展 ]

每回合做2、3次就好。

按摩最後以抖法和輕撫法讓狗兒放鬆。

## 前肢的伸展

**伸展的主要肌肉**

斜方肌、菱形肌、背闊肌、頸腹鋸肌、三角肌、肱三頭肌

★朝頭部的方向

① 一手支撐肩胛骨背緣，另一手扶住肘後方至腕關節處，維持關節的穩定，緩緩朝頭側伸展。一開始先輕微移動數次，倘若狗兒試圖抽回前肢，不可勉強伸展，請配合牠的動作一起將手移回。請溫柔輕撫，促進放鬆，耐心等待狗兒願意配合伸展前肢。

② 狗兒願意配合伸展之後，請支撐其肘部後方，伸展至狗兒的可動範圍為止，並維持該姿勢15秒。接著，緩緩移回原位。
注：支撐肩胛骨的手請保持鬆弛，不要妨礙狗兒肩膀的動作。

| 伸展的主要肌肉 | 胸肌、肱頭肌<sup>※</sup>、肱二頭肌 |
| --- | --- |

### ★朝尾巴的方向

③　前肢朝頭側的伸展結束後，手繼續扶著前肢，將之移回原來的位置。接著，繼續將前肢朝尾側向伸展。確認可動範圍，進行伸展，並維持約10～15秒。

# 後肢的伸展

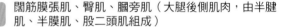

| 伸展的主要肌肉 | 闊筋膜張肌、臀肌、膕旁肌（大腿後側肌肉，由半腱肌、半膜肌、股二頭肌組成） |
| --- | --- |

### ★朝頭部的方向

①　一手支撐髂骨上方（大型犬請支撐股骨上方，保持腿部的穩定性），另一手扶住大腿至跗關節處，緩緩朝頭側移動。狗兒能夠自然伸展之後，維持該姿勢約15～20秒。然後，緩緩移回原位。

### ★朝尾側

②　後肢朝頭側伸展結束後，先將後肢移回原位，手繼續扶著，讓狗兒放鬆。接著，繼續將後肢朝尾側方向伸展。確認可動範圍，進行伸展，並在後方維持約15～20秒。

※譯注：犬隻的肱頭肌看似一塊從上臂延伸至頭頸的肌肉，但實際是由鎖骨肱肌、鎖骨劃、鎖骨頭肌所組成。

# 「平衡球」的建議

　　平衡球最初是為了人類復健所設計，可說是最適合用來增加肌肉量的道具。將平衡球納入運動，對狗兒來說好處多多。

　　狗兒原本就是最喜歡用腦、活動身體的動物；然而，都市生活的散步路徑盡是平坦的柏油路，很少有機會走在需要保持身體平衡、迴避障礙物的凹凸路面。

　　尤有甚者，許多狗兒出生沒多久就被迫離開同胎手足，幼時也不大有機會跟同類碰撞嬉戲，感受自己的身體。

　　除了透過按摩來維護肌肉、韌帶、肌腱與關節，並調節身體狀態，同時再加入平衡球運動，讓狗兒有機會鍛鍊光靠散步所無法培養的肌力、平衡感、柔軟度、持久力，以及良好的心理素質。

### 特別推薦超小型犬‧小型犬！

　　小型犬很容易被家人從地上抱起來，狗兒不免因此忘卻自己穩穩踩在大地的感覺。

　　這種情況下，由於肌肉量不足，韌帶和肌腱所保護的腳掌力量變弱，抓地力將會衰退。腳掌無力的話，將會影響到上方的膝關節，以及髖關節。

　　此外，情緒上也很容易陷入不安、恐懼等，影響及於行為層面。讓狗兒踩踏平衡球，保持前後平衡，有助提升腳掌與腳尖的意識，強化韌帶、肌腱，增進抓地力。在情緒方面，亦可透過提升抓地力來增強狗兒的自信，讓牠學會冷靜。

## 超大型犬也最合適！

依照犬種和個體差異，運動的質與量也不同。例如大白熊犬這種超大型犬，乃是走在山區或田野，看顧羊群的犬種。牠們體力強健，需要大量運動。

若能排列各式各樣的平衡球，讓牠們練習在上面攀爬，再加上散步的話，平時動作緩慢冷靜的大白熊犬將會目光熠熠，身體平衡順暢地爬上爬下吧。

對於難以在都市獲得充分運動的超大型犬，也有助維持其身體健康。

## 從幼犬到高齡犬！

滾動、踩踏高度較低的平衡球，一邊維持身體平衡，一邊學習如何使用自己的身體。此外，平衡球上面的凸起觸碰身體，有助提升幼犬的身體意識。

幼犬透過認識自己的身體輪廓，其情緒將趨穩定；成犬時期開始，平衡球可維持、提升肌力；邁入高齡犬後，則可延緩身體功能之衰退。

狗兒的前肢支撐身體60～70%的體重，邁入高齡後，腰腿肌力將會衰退。為了讓狗兒年紀增長後亦能跟我們一起散步，請好好維持牠的肌力吧。

# 「柴 犬」

▼容易累積壓力的部位：肩膀、頸部、膝蓋、跗部

頸部
肩膀
跗部
膝蓋

### 犬種特性

　　請好好放鬆將豐厚結實的頸部抬起的頸部肌肉。

　　按摩附著於後腦杓的菱形肌、夾肌、斜方肌。按摩後腦杓除了能夠安定眼部神經，亦有助預防柴犬容易罹患的眼疾——角膜炎和白內障。

　　為了預防皮膚疾病——異位性皮膚炎，請按摩肩胛骨背緣與斜方肌之間的部位，以促進深呼吸、讓副交感神經處於優位。減輕壓力有助紓緩異位性皮膚炎，請將按摩和Praise Touch納為狗兒的壓力管理法之一。

※譯注：項韌帶為黃色帶狀的彈性纖維，由第一胸椎之棘突延伸至樞椎之棘突，頸部的正中縫線即為項韌帶背側。

**重點照護**

頸部上方全體SEW
對頸部與頭蓋骨後面之間部——附著於後腦杓的項韌帶※施以擠法。
頸部上方全體WES。

從肩胛骨背緣至肱骨大結節為止，對整個肩膀SEW。
對斜方肌與肩胛骨的附著部、肩胛骨背緣上側施以溫和的強擦法。
從肩胛骨背緣至肱骨大結節為止，對整個肩膀WES。

( SEW…S＝輕撫法、E＝輕擦法、W＝扭法 )
( WES…W＝扭法、E＝輕擦法、S＝輕撫法 )

# 「迷你雪納瑞」

▼容易累積壓力的部位：側腹部、下半身、尾巴根部

尾巴根部

下半身

側腹部

### 犬種特性

　　因為背部較短，上半身比下半身發達，腰部也很短，所以肋骨後方到髂骨為止的胸腰筋膜往往容易用力過度。請輕擦側腹部，好好放鬆該處吧。

　　如果狗兒有剪尾，短尾根部有時會緊繃，請幫狗兒伸展尾巴。

重點照護

**側腹部**
輕擦肋骨後方至髂骨為止的胸腰筋膜、腹內斜肌，紓緩其負擔。
針對坐骨肌腱通至肋骨與胸骨底部的腹直肌，也不妨施以滑動觸摸法（詳見P.91）。

**伸展尾巴**
握住狗兒尾巴根部，在尾巴的可動範圍內轉動，順時針3圈，逆時針3圈。
接著緩緩拉住尾巴伸展，再移回原位。
最後一邊想像狗兒被截斷的尾巴尖端，一邊輕撫。

# 「玩具貴賓犬」

▼容易累積壓力的部位：頸部、後肢、大腿、胸部

大腿

頸部

胸部

後肢

### 前肢帶 ※ 肌的肌肉種類

- 斜方肌
- 鎖骨下肌
- 胸肌
- 腹鋸肌
- 背闊肌
- 肱頭肌

犬種特性

　　狗兒沒有鎖骨，而是靠前肢帶肌這些連結軀幹和頭部的肌肉接續。請按摩將玩具貴賓犬頭部撐得高高的頸部吧。

　　膝關節脫臼是玩具貴賓犬容易罹患的疾病之一，平時好好按摩保養負責屈曲髖關節、伸展膝關節的闊筋膜張肌吧。

　　針對負責支撐長長的後肢而容易過度使力的胸部，以輕擦法、揉捏法來放鬆該部位。

重點照護

順著闊筋膜張肌施以擰法。
闊筋膜張肌會影響髖關節的屈曲、膝關節的伸展。

沿著胸廓施以輕擦法、揉捏法。

※譯注：前肢帶包括一對肩胛骨和鎖骨。肩胛骨很大，鎖骨則為小型或缺少。
狗的鎖骨呈小橢圓板狀，位於肩部前、肱頭肌肌腱內。

# 「迷你臘腸犬」

▼容易累積壓力的部位：頸部、背部、髖關節、下半身

頸部　　背部　下半身　髖關節

---

### 犬種特性

　　臘腸犬具有又大又長的背闊肌和深胸肌——在挖土時負責將肱骨往後拉。

　　年紀一大，腰腿肌力衰退，走路時為了輔助後腳，背部用力過度，導致背闊肌、背最長肌、肋間肌等肌肉變得僵硬。

　　為了預防迷你臘腸犬容易罹患的椎間盤突出，請讓守護背部脊椎的肌群保持柔軟吧。此外，以Praise Touch讓狗兒意識到身體長度亦很重要。

### 重點照護

背部輕擦法
從後腦杓至尾巴根部為止，進行溫和的輕擦。讓狗兒意識到身體長度。

對整個背部施以皮膚滾動法
放鬆筋膜，紓緩背部緊繃。

# 「拉不拉多犬」

▼容易累積壓力的部位：肩膀、前肢、背部、髖關節周邊

背部

肩膀

髖關節周邊

前肢

## 犬種特性

　　對於跑跑跳跳、身體柔軟有彈性、活動量大的拉不拉多犬，請將吸收跳躍衝擊力的肩膀、負責著地的前腳掌、奔跑時大幅伸縮的柔軟背部，以及容易發生疼痛的髖關節周邊納入日常照護吧。

## 重點照護

以極輕微的壓力在髖關節附近進行劃小圓觸摸法。
減輕髖關節的疼痛。

交叉伸展筋膜
雙手交叉，從短距開始，逐步擴大兩手間距，伸展全身筋膜。

# 「邊境牧羊犬」

▼容易累積壓力的部位：頸部、肩膀、小腿

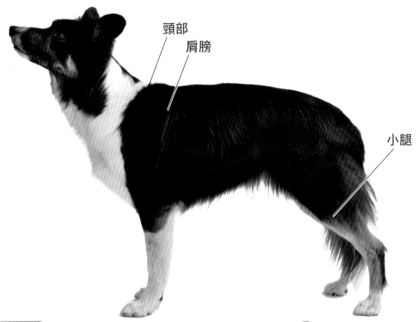

頸部
肩膀
小腿

### 犬種特性

因為經常活動肩胛骨，採取身體伏低的姿勢，導致肩胛骨背緣與斜方肌的交界處容易緊繃。請對後腦杓的夾肌、斜方肌、肩胛骨全體施以輕擦法和揉捏法，對肩胛骨背緣進行強擦法，替狗兒消除僵硬吧。

因為容易聳肩，請對腋窩上方的大圓肌※施以擠法，讓狗兒容易放鬆肩膀。此外，狗兒必須擁有強健的軀幹和小腿，才能採取身體伏低的姿勢。

對後肢膝蓋下方的腓腸肌進行溫和的擠法，提升肌肉柔軟度，讓狗兒的膝蓋動作更順暢吧。按摩腓腸肌，亦有助後肢支撐更多身體重量。

**重點照護**

對肩膀全體SEW、對棘上肌和棘下肌施以揉捏法。
對肩胛骨背緣施以強擦法、對肩膀全體WES。

對腓腸肌施以溫和的擠法。
放鬆皮膚和肌肉。

※譯注：大圓肌起始於肩胛骨後角及其鄰近之後緣，終止於肱骨的大圓肌粗隆。負責屈曲肩關節，使肩關節向內旋轉。

# 結 語

拿起這本書的你，我想是為愛犬著想、

期盼愛犬過得幸福和健康的。

跟狗兒的生活為我們帶來了許多幸福。

狗兒搖尾迎接的喜悅、

無論何時都凝望著我們的溫柔眼眸，

因為一起生活，透過狗兒這樣的視角，

讓我們獲得各式各樣的知識與發現。

牠們教導我們何謂充滿愛的心靈。

感謝這樣的狗兒們，

請一邊感謝牠們與我們分享此刻這一瞬間的時光，

一邊用溫柔的雙手觸摸牠們吧。

充滿溫情的手，能夠為心靈與身體注入養分。

希望這本書可以幫助許多狗兒，

以及深愛狗兒的人們。

"All you need is pair of Hands and Loving Heart."

## RICO YAMADA

http://www.iaalp.com/

■協助本書的示範犬

| | |
|---|---|
| 邊境牧羊犬 | ジェシカちゃん、ジャスミンちゃん、chachaちゃん |
| 查理斯王騎士犬 | 風太くん |
| 黃金獵犬 | ケリーちゃん |
| 傑克羅素 | あんちゃん |
| 迷你臘腸犬 | もかちゃん |
| 迷你臘腸犬 | ミルクちゃん（奶油色） |
| 黑柴 | さすけくん |
| 拉布拉多犬 | ヴァニちゃん |
| 迷你雪納瑞 | イブちゃん、マーブルちゃん |
| 大白熊犬 | ジーナちゃん |
| 白色瑞士牧羊犬 | リノちゃん |
| 玩具貴賓犬 | マッシュくん |

■協助本書的機構

レジーナリゾート鴨川（千葉縣）
DOG DEPT湘南江ノ島店（神奈川縣）
IAALP湘南オフィス


梳化　　成田麻美

■參考文獻
「ドッグマッサージ テキスト」（一般社團法人動物生命夥伴協會）
「ドッグフィットネス テキスト」（一般社團法人動物生命夥伴協會）
「プレイズタッチ テキスト」（一般社團法人動物生命夥伴協會）
「わんにゃん幸せタッチケア」（RICO YAMADA 監修　小学館）
「ベテリナリーアナトミー」（インターズー）
「くわしい犬学」（くわしい犬学編集委員会　誠文堂新光社）
「カーミング シグナル」（Turid Rugaas著　A. D. SUMMER'S）

〔原書STAFF〕

| | |
|---|---|
| 企劃製作 | 有限会社イー・プランニング |
| 內文設計 | 山本史子、上山未沙（株式会社 ダイアートプランニング） |
| 插畫 | 重松菊乃 |
| 攝影 | 平山舜二、川島正巳 |
| 執筆・編輯 | 花岡佳イ子（ハウオリ・ナチュラル・ペットケア） |

國家圖書館出版品預行編目資料

開始幫狗狗按摩吧！圖解15種手法＋全身按摩點地圖，把狗狗從頭顧到腳的健康指南書 / RICO YAMADA 監修；小陸譯 .
-- 二版 . -- 臺中市：晨星出版有限公司，2024.01
　112 面；16×22.5 公分 . --（寵物館；118）

　ISBN 978-626-320-721-9（平裝）

1.CST: 犬　　2.CST: 寵物飼養

437.354　　　　　　　　　　　　112019011

寵物館 118

# 開始幫狗狗按摩吧！

## ドッグマッサージ 実践テクニック BOOK

| | |
|---|---|
| 監修 | RICO YAMADA |
| 譯者 | 小陸 |
| 編輯 | 林珮祺 |
| 排版 | 曾麗香 |
| 封面設計 | 高鍾琪 |
| 創辦人 | 陳銘民 |
| 發行所 | 晨星出版有限公司<br>407台中市西屯區工業30路1號1樓<br>TEL：04-23595820　FAX：04-23550581<br>行政院新聞局局版台業字第2500號 |
| 法律顧問 | 陳思成律師 |
| 初版 | 西元2021年02月15日 |
| 二版 | 西元2024年01月01日 |
| 讀者服務專線 | TEL：02-23672044 / 04-23595819#212<br>FAX：02-23635741 / 04-23595493<br>E-mail：service@morningstar.com.tw |
| 網路書店 | http：//www.morningstar.com.tw |
| 郵政劃撥 | 15060393（知己圖書股份有限公司） |
| 印刷 | 上好印刷股份有限公司 |

掃瞄QRcode，
填寫線上回函！

定價350元
ISBN 978-626-320-721-9